FRÉDÉRIC COUSOT

# Le Bréviaire

# des Bois et des Champs

PARIS

ALPHONSE LEMERRE, ÉDITEUR

23-31, PASSAGE CHOISEUL, 23-31

M DCCC XCVII

# Le Bréviaire

## des Bois et des Champs

FRÉDÉRIC COUSOT

# Le Bréviaire

# des Bois et des Champs

PARIS

ALPHONSE LEMERRE, ÉDITEUR

23-31, PASSAGE CHOISEUL, 23-31

M DCCC XCVII

# PRÉFACE

ANS *le grand livre et le plus beau, la grande Bible sacrée, j'ai tâché de tailler ces petits livrets, les diversifiant de mon mieux.* Je sais combien le souffle leur manque et n'attends point qu'on me dise ce que pèse ma prétention, eu égard à la majesté du modèle. Nul toutefois ne me fera de reproches en ce point que je ne me sois fait moi-même et compendieusement. Comment, à la vérité, eussé-je pu d'un petit pinceau malingre peindre

les grandes fresques et redire les grandes symphonies sur ma pauvre petite flûte en roseaux ?

— Pourquoi aussi l'avez-vous tenté ? me dira-t-on. Je répondrai : Ce m'était un plaisir extrême.

F. C.

# LIVRE I

# Les Saisons et les Mois

A M. E. Ledrain.

# Les Saisons et les Mois

---

’ANNÉE *naît comme un enfant, grandit, assure dans un amour éperdu sa féconde survie, et meurt; et les mois lui mesurent son âge. Et chacun vient, à son heure, dérouler, sous le ciel et sur les fonds qui changent, sa théorie d'éphèbes, de beaux amoureux, son cortège sacré des mères, la lente procession de ses vieillards, sa traînée de victimes; chacun vient à son heure et, riant ou morose, rayonnant ou glacé, plein d'espoir, plein* d'ivresse, mélancolique, ou tout en deuil, marque une des douze étapes que, tous les ans, l'éternelle vie poursuit et qui gravite vers l'amour ou décline vers la mort.

J'ai voulu suivre, l'an dernier, les phases du grand drame.

Quand je partis, au Printemps, le premier acte commençait. Déjà notre petit coin d'univers s'était mis en marche pour chercher, aux baisers du Soleil, son immortel amant, la joie, la beauté, la fécondité et la vie. J'ai vu la Terre marcher dans l'allégresse des grandes noces sacrées, je l'ai vue s'arrêter haletante sous le poids de sa maternité; puis elle a repris la route de l'exil (les lois des mondes l'entraînaient loin de l'amant perdu); et lasse, elle est allée dormir son sommeil parmi les tombeaux; mais elle n'était pas morte, elle n'était qu'engourdie; car je l'ai vue jeter son linceul et renaître aux premiers baisers d'avril.

Et j'ai tenté de mettre ici, en chétif livret, ce scénario du plus beau des poèmes, auprès duquel tous les nôtres sont vains.

I

RÉVEIL DE VIE

C'EST avril!

C'est enfin le réveil après le long cauchemar d'Hiver, après les durs mois passés dans l'épouvante, les ténèbres et le froid! Le Soleil a délivré la Terre de la mort.

Les ruisseaux qui débordaient ont regagné leur lit, les prés ont reverdi, les bois ne sont plus tristes. L'ombre, qui les baigne encore, n'est plus ce froid brouillard, couleur de rouille, fait des râles mortels de tous les refroidis qui s'éteignaient aux

1.

agonies d'automne; c'est une belle vapeur bleue, traversée de rayons d'or, c'est la tiède haleine de la Terre, heureuse et consolée, exhalant sous les cieux ses premiers soupirs, ses désirs inquiets.

Aux branches qui semblaient mortes, des petites feuilles apparaissent en procession charmante. Les unes ont défroissé leur robe verte de fin taffetas et s'étirent au soleil; d'autres, plus craintives et plus frileuses, n'ont voulu se risquer qu'enveloppées de leur fourrure de ouate bien douce, ou couvertes de leur manteau gommé, de leur joli manteau de pluie. Irrésolues, indécises, elles attendent, prudentes, que l'hiver emmène ses derniers frimas.

Mais il est revenu Celui qui donne la clarté et la joie; la nature va se recréer enfin. Les œufs confiés à la terre vont éclore, les petites plantes vont sortir de leurs graines, leurs berceaux; et les insectes et leurs larves ont mis le nez à l'air, qui depuis longtemps dormaient dans leur cave sombre un sommeil troublé; ils ont dit: « Mais il fait bon!... mais on peut sortir! »

On les voit errer, épelant la vie, dans leurs allures de somnambules; on les voit vaguer de ci, de là, à travers les choses dévastées, sur quoi le Printemps jette la moquerie de son réveil vainqueur.

## II

### LES ÉPHÈBES ET LES VIERGES

Voici mai, le mois des fleurs.

Avec le soleil plus proche, l'azur du ciel s'est foncé. Les couleurs, jusque-là imprécises, ont pris plus de force et d'éclat, et les formes incomplètes ont atteint toute la grâce de leur développement. Des fleurs sourient déjà pubères ; d'autres, encore en boutons, dessinent dans l'espace les délicates merveilles de leur forme ingénue ; et les feuilles que l'on voyait toutes petites s'enlever, se profiler sur le ciel dans la timidité de leurs détails, main- tenant grandies, se sont massées, sont devenues plus sombres, plus épaisses, afin de refaire du mystère aux bêtes qui vont s'aimer.

Les derniers émigrants sont rentrés, ils gazouillent, ils piaillent, ils chantent; tous les insectes sont réveillés, ils ont changé leur robe pretexte contre la robe nubile; ils rampaient, ils ont des ailes; et tous sont en route, cherchant fortune.

Oh! les beaux, les jolis amoureux que c'est là! L'usure, les batailles ni la poussière du chemin n'ont encore terni les équipements qu'ils étrennent. Fleurs, insectes, oiseaux sont tout brillants, tout flambant neufs. Ils s'éveillent ingénus, beaux de jeunesse, heureux de vivre; et déjà juin s'apprête à leur sonner l'heure d'aimer.

# III

## LES FIANÇAILLES

La Terre, fiancée au soleil, s'est parée pour le bonheur et pour l'amour!

La Nature convie ses plantes et ses bêtes aux joies d'hymen.

Tous et toutes représentent pour elle un peu de son immortalité; elle les appelle à participer aux espoirs de ses printemps futurs; mais ils sont trop! il faut bien des batailles!

Et l'on voit commencer d'ardentes chevauchées.

Les voilà tous, par les chemins d'azur, dans les

bois, par les monts, par la plaine, les voilà tous gazouillant, sifflant des sérénades, claironnant des défis : c'est l'amoureuse poursuite, comme dans les vieux romans de chevalerie ; c'est partout des rapts, des combats singuliers, des cours d'amour, des enlèvements, des viols.

Oh ! les belles passes d'armes sous les yeux des belles. Beaucoup doivent mourir qui n'eussent pu se joindre que par les nœuds d'une volupté inutile ; mais pour assurer sa survie, la Nature veut sauver les plus dignes ; et Malheur aux vaincus !

. . . . . . . . . . . . . . .

Les faibles ont vécu ; les autres posséderont la terre en héritage.

Les luttes s'apaisent, les amoureux se sont élus ; les couples s'unissent.

# IV

## LES NOCES

La Terre marche au soleil, dans sa gloire, dans sa majesté de jeune épousée.

Elle a passé bien près des chauds rayons de flamme; et voilà que ces baisers d'amour suprême la couvrent de toutes parts et la transfigurent. Ils l'ont remuée jusqu'en ses profondeurs, l'éclairant de sa lumière, l'échauffant de sa flamme; et tous les corps s'illuminent étrangement aux feux qui les traversent.

. . . . . . . . . . . . . . . . . . . .

Tout s'est pris à s'aimer d'irrésistible amour.

Le soleil a tout ensauvagé, et bêtes et fleurs sont entrées dans la grande ronde folle.

C'est la joie de vivre, c'est l'ivresse; c'est partout échange de rayons, de parfums, de caresses, et partout, sous le beau ciel bleu, dans l'air embrasé, partout dans les eaux, au-dessus des moissons dorées, sur les monts, sous les roches, aux fondrières éboulées, et sous les arbres criblés de flèches d'or, partout la vie idéale s'est éveillée dans les antres, au sein des nids, au cœur des calices parfumés qui se sont illuminés comme des autels à l'heure du mystère.

La Terre heureuse va, subit l'immense besoin qui l'entraîne vers l'entier épanouissement où tend son âme multipliée, car ce n'est plus assez de tous les cœurs qui battent, ce n'est plus assez de tout ce qui respire pour le partage de la vie ardente qui germe et fermente en son sein.

Elle s'abandonne, elle éparpille ses trésors d'amour, ses trésors de vie, fécondant l'avenir dans la plénitude de son expansion suprême, assurant à la terre l'espoir de générations sans fin.

# V

## FÊTES D'AMOUR

Août arrive; et la Terre halète, ivre de voluptés.

Elle se pâme, alanguie sous la chaleur plus lourde, dans les parfums plus pénétrants; les baisers s'échangent encore, énervés comme aux fins d'orgie.

Par moments, elle se réveille en sa lassitude aux secousses des orages : « Allons, il faut épuiser tous mes trésors d'amour!... Qui veut encore aimer?... Hâtez-vous, l'heure presse! » Et les vents parfumés portent ou secouent au sein des fleurs les semences dernières, et les couples cueillent et fourragent les derniers baisers, sans choisir.

Maintenant, le doux secret, ils le connaissent tous.

# VI

## LES MÈRES

C'est le dernier chant du poème d'amour.

La Nature a semé d'espoirs l'avenir ; les désirs sont éteints, et les fruits de velours, de soie et d'or, dernière gloire de la Terre en fête, chanteront dans les splendeurs de l'apothéose mortelle les prodigieuses fécondités de la pauvre mère lassée, de celle qui va mourir.

Il reste quelques fleurs, les fleurs robustes de l'automne et les fleurs vierges, tristes filles que l'amour n'a point touchées de son aile et qui s'éteignent, épargnées, auprès de leurs sœurs, flétries ou épuisées aux sacrifices de la maternité. Elles sont comme un dernier sourire. Et les feuilles éclatent en notes magnifiques; elles vont rendre à la terre le soleil qu'elles ont pris : elles s'empourprent, s'encuivrent, éclatent d'or, se rouillent.

Les insectes cherchent à leurs petits des fruits pour berceaux, ou ils enroulent autour de branchettes leurs œufs qui semblent de minuscules colliers de perles fines; tandis que les arbres laissent redescendre dans leurs racines la sève désormais inutile.

# VII

## LA DÉBACLE

C'en est fait, la Terre n'enfantera plus. Elle s'éloigne du soleil, et des milliers d'oiseaux, qui le peuvent, parce qu'ils ont des ailes, se jettent en fuite pour le suivre.

Ils n'entreront pas en partage de la sépulture que la Mort prépare; un instinct leur a dit : « Vous allez être sans pâture. Les insectes vont mourir, les graines tomberont dans la terre pour germer ou pourrir, et bientôt les arbres dépouillés ne vous abriteront plus!... Partez!... »

Et voilà qu'a commencé l'exode. Ils sont partis

vers le Soleil, le suivant à travers quels dangers! Sur les plateaux, aux lisières, dans les ravins, des filets étaient tendus et les bêtes aux aguets... On les a pris sans peine, songez! ils voyageaient, en des pays ignorés, dans l'insouciance que donnent de la vie la misère, l'aventure.

Ils sont partis (il fut des jours où des pans du ciel étaient noirs de troupes d'émigrants). Ils ont suivi le soleil, ils ont passé les mers; et souvent, perdant sa trace, ils sont venus, courant à travers les brouillards, se briser aux grands phares en qui ils croyaient voir Celui qu'ils cherchaient.

On n'entendra plus les chants de joie.

---

# VIII

## LES AGONIES

Je me souviens qu'un soir de *Grand feu de la Chandeleur,* j'ai vu se brûler par milliers, mais par milliers de mille, de pauvres petites éphémères. Elles s'en venaient de plusieurs lieues peut-être, attirées, dans la nuit, par le beau grand feu qui brillait sur la montagne. Elles arrivaient, crépitaient un instant dans la flamme, qui luisait plus vive, et c'était tout.

Elles avaient payé de la mort la vision de la flamme et la chaleur du feu.

Ainsi doivent mourir tous ceux qui, durant l'été,

ont brillé et frissonné d'amour aux baisers du soleil. Ils ont tous participé à l'œuvre de beauté, de gloire, de lumière et d'amour; et tous vont entrer dans la mort.

Ensemble, ils étaient venus, ils vont partir ensemble. Déjà les vents sonnent les funérailles, et les êtres lassés voient se briser autour d'eux les liens qui les attachaient à la vie.

# IX

## LA MORT

La Nature rassemble ses enfants pour les remettre à la Mort.

Les oiseaux, partis, fuient sauvages dans le ciel triste.

Et les feuilles se sont mises à tomber. Elles tomberont toutes. Écoutez hurler, comme des chiens, les vents qui les moissonnent, qui les fauchent et semblent se faire un jeu cruel de casser les vieux bois, trop faibles pour porter les frondaisons prochaines. Les insectes aussi vont mourir.

Ils ont fui, consternés, quand ils ont vu la tempête se déchaîner et tordre les grands arbres. Ils ont erré, dans le vertige, navrés, dépenaillés, boueux. Mais la tempête ne faisait point trêve. C'était la mort qui s'approchait. Ils sont allés, tremblant la peur, chercher au sein des fruits, sous l'écorce des arbres, un asile où se cacher, quelques-uns pour dormir, presque tous pour mourir.

Voilà qu'ils expirent ou s'endorment près des lieux qui furent leur berceau ou le nid de leurs amours.

Et les vents, cependant, n'ont point tu leurs colères.

# X

## LES TOMBEAUX

Le soleil s'en est allé, et la Terre, privée de son amour, va languir misérable, et compter de longs jours, de longues nuits de douleurs.

Elle a tout perdu, sa force et sa beauté, et la vieillesse l'assaille de tous les maux.

Mais la décrépitude est trop lente à détruire, au gré de la Mort impatiente. Il faut promener sur la Terre moribonde la destruction sauvage, la persécuter encore dans ses restes de vie, et pour la faire plus entièrement mourir, laisser fondre sur elle, comme un torrent, des malheurs sans répit.

C'est dans les derniers jours de décembre et durant le mois de janvier que l'Hiver sévit le plus cruellement. C'est le temps des épouvantes, des désolations lamentables!

Voyez comme la forêt et la prairie sont mortes, et rases et chauves. Une ombre épaisse enveloppe les grands bois dévastés; et sur des fonds de grisaille, les arbres nus détachent indécis leurs troncs et leurs rameaux sans feuilles, puis ils montent, enchevêtrant leur fouillis de brindilles, dessiner sur le ciel d'étranges arabesques. Aux buissons pendent des nids déchirés; des branches trop vieilles ont cassé, dont la Nature ne voulait plus; le sol est jonché de feuilles mortes, de débris d'insectes, de cadavres d'oiseaux. Il n'est point de place qui ne soit un tombeau : il n'est plus de couleurs, plus de parfums, plus de chants; les bruits s'étouffent comme dans une mortuaire.

Il reste quelques vivants bien rares. Les uns se

sont endormis d'un sommeil profond qui semble la mort, d'autres errent à travers cette désolation; on les voit passer fugitifs, qui vont, la faim au ventre, raidis, stupéfiés par l'hiver, et les membres frissonnants.

En voilà là-bas, au loin, dans la campagne, à la lisière du bois dépouillé: ce sont les oiseaux noirs; voyez-les accroupis, la tête dans les épaules, avec de petits airs de sacristains chenus. Écoutez-les jacasser à voix goguenarde, comme les fossoyeurs au cimetière d'Elseneur. Voici qu'ils ouvrent, pour prendre le vol, leur mantelet de croque-mort. Le vent leur a jeté une odeur de cadavre. Ils partent à la curée.

Et maintenant tombe la neige.

Le ciel est descendu très bas, il apporte un linceul pour ensevelir la terre et mettre au cercueil les belles et douces choses qui furent la gloire de l'été: fleurs et fruits, feuilles et branches, ailes, toisons, armures d'insectes, formes prêtes à se dissoudre, à disparaître.

La destruction doit posséder toutes choses.
L'œuvre mortelle commence et poursuivra jusqu'à la résurrection.

Sur cette dévastation, parfois à travers un ciel
encombré de brumes, un pauvre rayon arrive encore qui, dans la nuit du rêve où la Nature som-
meille, vient, comme une chère vision lointaine,
rappeler l'amant perdu; mais ce n'est plus un
baiser d'amour, c'est un pâle rayon sans force, et
les vaines ardeurs qu'il allume bientôt s'éva-
nouissent et meurent glacées.

On dirait un fantôme qui rôde parmi les
tombes.

# XI

## LA VIE DANS LA MORT

La Nature est au tombeau.

Les vents, les pluies glacées, les brouillards, les frimas et les neiges ont fait un mélange sans nom de toutes les choses que la vie a tuées. Ils ont désorganisé les équilibres, corrompu les liquides, désagrégé les trames, et maintenant tout est brisé, désuni, réduit en poussière. Voyez donc ce charnier, cet abîme de misères.

Et cependant, ce n'est déjà plus la mort!

Dans le laboratoire immense s'accomplit un travail de vie, profond à confondre les étonnements de nos âmes. Des activités se déploient, des forces inconscientes imposent des groupements nouveaux à cette pâte de sépulcre; et des millions, des milliards de petits ouvriers collaborent à l'œuvre des inconscientes énergies.

La Nature les a pris à ses gages pour travailler le vieux et faire des raccommodages. Ils vont par légions infinies, mettent tout au pillage, ramassent les restes pour les utiliser à leur profit, se partagent les *laissés pour compte* de la Mort. Les frimas les cantonnent à leur labeur; ils travaillent en fièvre et, sans y prendre garde, préparent ce mélange mystérieux où, le Printemps venu, tout ce qui veut croître devra puiser les éléments de sa forme.

Bientôt les glaces, qui se fondent, vont mettre en marche cette terre vivante, pain de vie fait de la pâte des morts.

# XII

## l'AUBE DU RÉVEIL

Le Printemps s'en vient qui va réclamer à la Terre le dépôt des générations, que lui confiait en s'endormant, aux jours d'automne, la Nature maternelle.

La vie fermente. Les graines se gonflent, les germes s'éveillent en leur berceau, quelques arbres poussent des feuilles; demain vous trouverez des fleurs!

Et les bêtes, dont les jeunes tiennent long-temps au ventre des mères, déjà s'accouplent, afin que leurs petits soient aux fêtes d'été, pour en être la joie et corriger de leurs bouches gourmandes le trop-plein des naissances. Le loup, le renard sont en rut; la laie a mis ou va mettre bas, et des agneaux sont nés dans les bergeries.

L'Hiver livre, en vaincu, ses dernières batailles.

Mais tout le travail de destruction, où se sont employés les agents de la Mort, a laissé flotter dans les airs des ferments mortels et des germes putrides. Il faut assainir la demeure encore malsaine; et mars, à grands coups d'averses, à grands coups de vent, à grands coups de soleil, ramène l'air pur, l'air de vie.

La lutte est finie; après le long cauchemar d'hiver, après les durs mois passés dans l'épouvante et le froid, la Nature va se réveiller.

Hier régnait le tumulte; il n'est plus.

Printemps, tu peux venir!

# LIVRE II

# Guide dans la Forêt

*A M. André Theuriet.*

# Guide dans la Forêt

*N*OUS *autres forestiers, la* N*ature nous a donné une façon d'âme faite de l'âme des choses ; elle nous rend par là participants de sa vie, et notre cœur s'éparpille en douces affections sur tout ce qui vit en elle.*

*Des admirations nous prennent à tout bout de chemin ; un bruissement d'ailes suspend notre pas : « Tiens ! qui c'est là-bas qui passe dans un rayon, en jupe pailletée ! — Et ici, sortant de son manoir, sis au cœur d'un vieux hêtre, voyez-le donc ce gros burgrave, couvert d'une armure sombre et portant à son casque, en guise de cimier, de grandes cornes d'élan ! Où donc va-t-il larronner, le bandit ? »*

Nous nous intéressons ainsi à toutes choses : au cerf qui brame ; aux tourterelles qui roucoulent leur duo d'amour et dont la plainte semble toujours si lointaine ; l'hiver au loup, vieux vagabond qui hurle et qui a faim ; à l'oiseau rapide, qui passe comme un trait dans la haute futaie, et que nous n'avons pas reconnu ; au petit lapin qui fuit, tache grise, à houppe blanche ; à l'insecte qui répare au bord du fossé son armure mise à mal. Comme le saint d'Assise nous dirions : « Mes sœurs », aux hirondelles ; nous suivrions, avec La Fontaine, l'enterrement d'une fourmi.

Aussi, pour les avoir rencontrés souvent, nous finissons par les connaître presque tous ; nous savons qui l'on trouve sur les routes, ceux qui barbotent dans les mares, grouillent dans les cadavres, qui végètent sous les pierres, passent leurs jours au grand soleil, ceux qui courent les chemins fréquentés, ou qui s'en vont, par les sentiers détournés, à travers les taillis, cachant leurs jours craintifs ou masquant sous les branches leurs louches allures de bandits.

De quoi ils se nourrissent, où sont leurs gîtes, leurs remises, nous le savons bien, et nous savons aussi ceux qui vivent par clans, par familles, en solitaires, ceux que régente un roi, ceux qui vivent en république, en phalanstère, ou qui sont restés bohèmes, et à tout ordre social établi ont préféré l'indépendance et la libre allure de la horde nomade.

Nous les connaissons un peu, comme nous le conseillait Montaigne; et nous les nommons à l'empirique, de leurs noms français, de leurs noms latins, de leurs sobriquets, de leurs noms vulgaires.

Telle est notre science à courte vue, toute d'expérience et de sympathie profonde. D'aucuns ont assuré qu'elle en valait une autre; et je la veux mettre par écrit, si vous le voulez ainsi, en faire un guide, pour les amoureux, afin qu'au printemps nouveau, quand ils viendront au bois, ils puissent connaître les bêtes qui leur font escorte, les plantes qui sèment sous leurs pas des fleurettes et les beaux arbres qui donnent l'ombre à leurs baisers.

# I

## LES PETITS HABITANTS

AR un beau soleil, au jour levant, allez dans la forêt.

L'aube vient d'ouvrir les fleurs, et tout le petit monde commence à passer.

Les uns marchent, les autres courent, ou sautent, ou volent, ou nagent. Ceux-ci s'en vont, une gravité méditative empreinte dans leurs traits; les autres écervelés, étourdis, impertinents. Le papillon est questionneur volage, observateur superficiel; les mouches sont inquiètes, turbulentes, indiscrètes; les rampants sont retors, madrés; les scarabées, race hargneuse, marchent tout cuirassés dans leur hauteur, pleins de mépris pour les petites gens, et toujours prêts à s'aligner.

Ils sont, pour la plupart, d'une beauté de forme merveilleuse.

Voyez-les!

Quel est donc le joaillier, le tailleur royal, le damasquineur d'armures qui pourrait ouvrager ces cuirasses lamées d'or, ces manteaux tissés de pourpre et de soie, étoilés de fleurs peintes, constellés de rubis ou de perles!

Comme ils sont faits pour la bataille, outre leurs armes, tous portent la cotte de mailles. Ils ont presque tous le casque en tête, au dos la cuirasse, au ventre la braconnière; ils ont brassards, cuissards, jambières, solerets, gantelets, gardecœur et hausse-col. Beaucoup portent le bouclier, ils le portent au dos, accroché à la dossière de la cuirasse, et fait de deux pièces, qui s'ouvrent pour le vol, en cas de retraite ou de fuite.

Voyez leurs armes: armes de trait, armes de jet, armes blanches de tous modèles, poignards, yatagans, cimeterres. Ici, les crocs, les hallebardes, les harpons, les tenailles; là, les glandes à venin, et les poisons dont on envenime les armes. Vous aurez beau piller tous les musées qu'il vous plaira, vous n'assemblerez rien de plus merveilleux, ni d'aspect plus saisissant.

Or, c'est d'après l'équipement qu'on les doit classer.

Ceux-ci, les Aptères, sans buffleterie, sans bouclier ni mantelet, ont endossé la simple armure-cotte, ou la cotte de mailles.

Ils comptent quatre grands ordres :

Les premiers vivent sous les pierres : ce sont les *Myriapodes* : MILLE-PIEDS, Cloportes, et les Jules, qui se roulent en spirale, comme des serpents*.

---

* Je sais ce que l'intrusion des Myriapodes parmi les insectes peut présenter de révolutionnaire au point de vue des classifications admises; mais je vous conseille de ne pas vous en effrayer : ce sont bien des Aptères, puisqu'ils n'ont point d'ailes.

Les seconds sont les *Thysanoures,* dont l'abdomen est garni de fausses pattes, et qui sont sauteurs.

Les troisièmes sont les *Parasites.*

Les quatrièmes les *Suceurs :* ce sont les poux et les puces.

Après viennent les trois grands ordres Porteurs de bouclier.

Les *Coléoptères* (Carabe, Capricorne, Charançon), armés du bouclier solide, que matelassent des buffleteries de parchemin. Ils portent presque tous des heaumes avec cimier, panaches ou plumets.

Les *Orthoptères* (Grillon, Sauterelle, la danseuse des fougères) portent la targe, petit bouclier membraneux, sous lequel sont repliées longitudinalement les buffleteries. La visière de leur casque est armée d'effroyables cisailles.

Les *Hémiptères* (Punaise, Cigale) sont porteurs de l'écu, bouclier demi-membraneux, sous lequel se croisent les buffleteries qui le matelassent. Ils ont au masque une trompe aiguë, recourbée sur la poitrine.

Voici les Voltigeurs :

Les *Lépidoptères* (Papillon), au mantelet fait de quatre ailes, de drap, de velours, de satin ou de soie; ils portent d'ordinaire un justaucorps de feutre ou de drap; ils ont au masque un lazzo qu'ils déroulent dans la maraude pour pomper le suc des fleurs.

Les *Névroptères* (Libellule, Fourmilion, Phrygane, Éphémère) portent un mantelet fait de quatre ailes de gaze, et leur masque est armé de mandibules formidables.

Les *Hyménoptères* (Abeille, Guêpe, Fourmi) ont le mantelet de quatre ailes, veinées, inégales; leur bouche est munie de mandibules et d'une trompe.

Les *Diptères* (Mouche, Cousin) n'ont que deux ailes veinées, et, par-dessous, deux balanciers. Ils portent la trompe.

J'oubliais les *Araignées,* qu'on classe à part, les araignées au ventre disproportionné, outres à sang, qui tendent à leurs proies des toiles à cercles concentriques, ou les prennent en des façons de nasses.

Tel est en raccourci le dénombrement des petits habitants de la forêt.

Les plus faibles, et particulièrement les herbivores, ne peuvent supporter l'attaque; mais ils sont merveilleusement doués pour s'y soustraire par la ruse ou par la fuite. Ils sont les plus fins voiliers, les plus adroits sauteurs ou les coureurs les plus intrépides. A côté de ceux-là qui évitent l'ennemi, il en est qui le trompent, lui en imposent par de fières et vaines bravades, par des airs de matamore que rien ne justifie; ou, plus simplement, font le mort.

Quant aux autres, aux forts, carnassiers pour la plupart, ils ont leurs fidèles armures faisant

corps avec les membres qu'elles protègent; ils
ont leurs armes terribles, qui ne les quittent jamais, et dont, à force d'usage, ils connaissent
merveilleusement l'escrime particulière. Ainsi armés de pied en cap, ils vont, comme les seigneurs-
bandits du moyen âge, roulant les grands chemins, à chaque pas obligés de mettre flamberge
au vent pour se défendre ou pour détrousser.

## II

### LES LOGEMENTS

Où ils logent? — Un peu partout.

Voici leurs demeures, ces cabanes faites de feuilles, celles-ci en forme de boîte fermée de charnières très solides; voici des pots d'argile, ou de pierre ou de chaux, où quelques-uns s'abritent; voici des huttes de pierre à toitures basses; sur les feuilles, ces petites excroissances charnues, ce sont de leurs maisonnettes encore... Voyez là-haut ces beaux palais de dentelles... Là, du matin au soir, on entend des cris d'agonie : ce sont les castels de bandits, buveurs de sang.

Les uns s'installent au creux des arbres, d'autres ont des demeures souterraines, à mille détours imprévus. Ici est la cellule de la Guêpe solitaire ; voici, creusé dans la brique du vieux mur, le trou de la guêpe maçonne. Un insecte d'un épi de blé fait son ermitage ; un autre d'une fève ou d'un pois, ou bien des pétales d'un pavot fait sa tente.

Si vous voulez jeter un coup d'œil dans leurs mansardes, vous les trouverez pleines d'élégance et de bon goût, garnies de corolles arrachées aux fleurs, d'un peu de laine, d'un peu de mousse.

Ils logent partout ; mais les plantes sont de préférence leur demeure.

Chaque arbre, chaque plante a ses locataires attitrés :

Aux logements d'en bas, dans les racines, vivent les pauvres et les déshérités, les Vers, les Mille-pieds, les Cloportes, les Jules, ou les reclus, les larves, attendant dans la retraite l'heure qui les appelle à donner la vie.

Aux tiges (dans l'écorce) habitent les Xylophages, qui sont mangeurs de bois ; les Longicornes vivent dans l'aubier ; dans le bois véritable, les Cossus ; les Cigales, les Pucerons, les Gallinsectes vivent à la tige aussi et de leur trompe pompent les sucs sous l'épiderme.

Les feuilles, qui sont pour presque tous le carrefour de passage ou la vaine pâture, ont aussi leurs logeurs :

Dans l'intérieur on trouve les Larves minuscules, les Cigales, les Psylles, les Cochenilles, les Kermès pompeurs de sucs, les Cynips, les Cecidomyes canalisant à leur profit la sève que la plante aspire et la forçant à leur construire à ses frais de petits fortins de forme sphérique.

Les Charançons roulent les feuilles en cylindre, en cornet, les plient en valises pour y cacher leurs œufs.

Quant aux fleurs, la Nature les estime trop précieuses pour les abandonner à la voracité de ces gens-là : elle a établi dans presque toutes des façons de petites distilleries où l'on fabrique des élixirs exquis ; mais la fleur ne donne qu'à boire, bien rarement à manger, presque jamais n'héberge.

Des fruits, au contraire, des fruits et des graines, la Nature est prodigue.

Ils sont presque tous habités.

# III

## LES ARBRES

Ils sont là debout sous le clair soleil, vivant de sa vie, et semblant mourir quand il meurt.

Tous, pour chercher leur nourriture, ont plongé dans le sol leurs racines avides ; et les tiges et les branches courent folles vers l'air vivifiant et la lumière féconde.

Tous s'élancent au soleil, impatients de tout obstacle, fouillis inextricable de verdure ; et, dans cette lutte, ils se mêlent, s'enchevêtrent au pêle-mêle des feuilles, s'enlacent, se rattachent ensemble, s'entr'aident, s'étouffent; les vaincus, repoussés, se dessèchent ou poussent, dans des efforts suprêmes, de longues tiges étiolées et pâles.

Au bord de la forêt, où l'eau coule en murmurant sans trêve sa chanson toute pleine d'imprévu, voici les *Aunes* touffus au feuillage sombre et les *Peupliers* au tronc droit et fier, portant à grande hauteur comme un panache flottant leurs feuilles sans nombre, qui frémissent dans le vent.

Près de la mare, les *Saules* se tournent en rond, courbant au dehors — pour écarter la pluie de leur tige — leurs branches flexibles et grêles, aux feuilles vertes allongées, dentées en scie, et dont le revers est d'argent.

Dans les lieux mauvais, les clairières sablonneuses et les terres ingrates, les *Bouleaux* détachent, sur des fonds verts et fauves, leurs troncs lisses, satinés d'un blanc si doux, et leurs branches au feuillage léger retombant flexibles et menues.

Ici, sur la colline, les *Ormeaux* aux attitudes

tourmentées, qui renferment leurs graines dans une samarre ailée; là, les *Platanes* avec leurs fruits pareils à des boulets ramés.

Voici les terres de sable :

Parmi les touffes des *Genévriers* et des *Houx* au feuillage luisant sous les fruits écarlates, les *Pins* allègres montent au flanc de la colline; et là-bas l'*If* croît au vent du large, obstiné, dans sa livrée de vert très sombre, il tient la crête; et de l'autre côté, les vieux *Sapins* descendent, traînant avec accablement, comme des bras lassés, leurs rameaux funèbres.

Et voyez vis-à-vis, dans les terres calcaires :

Voici les *Châtaigniers,* dont les troncs énormes à l'écorce rude sillonnée de fentes profondes portent aux branches déliées des feuilles ovales en fer de lance dentelées, et des fruits épineux pareils à des masses d'armes minuscules.

Voici les géants : les *Chênes* et les *Hêtres,* frères robustes qui se ressemblent.

Leurs troncs rugueux, tigrés de mousse, poussent des branches tordues et nerveuses qui portent

à de grandes distances ces feuillages touffus qu
formaient la voûte des temples celtiques.

Ils sont là debout sous le grand soleil, ména-
geant par la prodigieuse diversité de leurs formes,
ici des colonnes, de longues galeries, là de sombres portiques, des allées mystiques, des retraites
mystérieuses, des temples majestueux.

Et c'est la forêt hantée!

Tous ont leurs logeurs : des troupes d'oiseaux
se jouent dans leur feuillage, y construisent leurs
nids ; des milliers d'insectes vont, viennent, sautent, volent, bourdonnent autour de leur tronc,
de leurs branches, de leurs feuilles, y trouvent
asile, bon gîte et le reste.

# IV

## LES PLANTES

Beaucoup de plantes croissent sous la voûte que font les grands arbres :

Les *Pervenches* et les *Anémones* couvrent la terre d'un long tapis vert et lustré, que piquent leurs fleurs violettes et leurs belles fleurs blanches; la *Digitale*, ou *Gant de Notre-Dame*, porte sur un épi lâche ses fleurs pourpres à la gorge tigrée; l'*Arun* ou *Gouet* s'épanouit aussi à l'ombre, avec ses larges feuilles en flèche, vertes, maculées de noir, et sa belle fleur originale surmontée d'un pompon allongé en forme de fuseau; les *Orchis* ou *Pentecôtes* aux fleurs singulières qui simulent une abeille, une guêpe, une araignée ; les *Fougères,* aux feuilles dentelées, étalées en palmes ou roulées en crosses fauves, d'autres aux feuilles en langue de cerf ; les *Saponaires* à fleurs roses ; les *Myrtilles,* tout minuscule arbrisseau qui porte à l'aisselle de ses feuilles ses fleurs, puis ses fruits, baies qui saignent du sang.

Et tandis que ceux-là vivent à l'ombre, les *Primevères,* les *Violettes* et les *Marguerites,* le *Muguet* parfumé, le *Genêt* doré, le *Fraisier,* courent à la lisière vers un peu d'air et de lumière.

Telles sont les plantes que les arbres d'ordinaire protègent ; le plus grand nombre s'affranchit de cet envoûtement : elles veulent croître libres au soleil.

Dans les buissons et les taillis, les *Chèvrefeuilles,* à tige grimpante, déroulent sur leur tendre verdure leurs fleurs d'un jaune rougeâtre et d'un si doux parfum, tandis que les *Ronces* laissent pendre, au ruban déroulé des sentes, leurs grappes d'un blanc éteint ou leurs beaux fruits luisants ; l'*Au-*

*bépine* parfumée se couronne de nombreux bouquets; le *Néflier*, le plus vieil arbre des Gaules, étale ses larges feuilles au bout de ses branches cotonneuses; là, le *Sureau* à l'écorce grise, aux petites fleurs en larges ombelles de blanc soufré; la *Clématite* sarmenteuse; le *Houblon* avec ses feuilles découpées s'enroule, portant en grappes ses fleurs en cônes de vert pâle; la *Bryone* ou *Navet du diable* envahit tout et, jetant partout ses vrilles, se pousse et monte portant en grappes ses fleurs verdâtres.

Dans les prairies : aux *Graminées, Chiendent, Folle-Avoine, Vulpin,* aux fleurs en queue de renard, les *Agrostis* aux tiges grêles et déliées, viennent se mêler le petit *Liseron,* qui rampe, s'enroule et vient fleurir ses fleurs en cloches blanches bandées de rose, les *Amourettes* ondoyantes; le *Bouillon blanc* avec sa longue quenouille de fleurs soufrées; les *Trèfles* empourprés, les grandes *Pâquerettes,* les *Marguerites* dorées, les *Scabieuses* au bleu mourant et les *Adonis* aux petites fleurs d'un rouge vif, les *Bluets* et les *Coquelicots,* si joliment assortis de forme et de couleur, la *Nielle*, la *Centaurée* aux jolies fleurs roses qui guérit autrefois, dit-on, les blessures du centaure Chiron.

Sur les bords du ruisseau : les *Iris* jaunes, les *Menthes* odorantes, les *Joncs fleuris* aux fleurs ombellées aimées des bœufs, la *Salicaire* aux épis purpurins, la *Lysimaque* aux thyrses fleuris, les *Véroniques* aux corolles bleues, le *Pourpier* des eaux, le *Myosotis,* avec son calice au bleu d'azur et à gorge jaune.

D'autres vivent au sein même des eaux, parmi les végétations filamenteuses et les roseaux babillards, comme le *Cresson,* l'*Utriculaire,* dont les feuilles à forme de racines sont parsemées d'utricules ; les *Nénufars,* qui portent sur leurs larges feuilles des fleurs semblables à de beaux lys ; la *Flèche d'eau* dressant au haut de ses tiges rondes l'épi de ses fleurs blanches à trois pétales ; les *Lentilles d'eau* et les *Naïadées,* qui s'épanouissent si dru, à la surface des eaux, qu'elles en font une prairie ondoyante où vont se promener les Bergeronnettes.

Sur les roches et les murs, dans les lieux pierreux, croissent les plantes rupestres et pariétales : les *Linaires*, et les *Mufliers* à fleurs en forme de gueules ou de casques ; la *Giroflée*, la *Pariétaire*, la *Chélidoine*, aux fleurs jaunes et mordorées dont l'hirondelle prend, dit-on, le suc de la tige pour guérir les yeux malades de ses petits.

Dans les décombres, s'épanouissent les plantes rudérales, avides pour la plupart de matières azotées : l'*Ortie* empoisonnée, les *Mauves*, la *Stellaire*, la *Renouée* à tige geniculée, les *Bardanes* à larges feuilles en forme de cœur, puis les *Chardons* qui, dans le creux de leurs feuilles opposées, allongées, épineuses, gardent l'eau du ciel que boivent les chardonnerets.

Aux lieux stériles : les *Bruyères* aux petites corolles de couleur rose ou blanche ; les *Galeopsis* dont la fleur est en figure de belette ; la *Verveine* aux épis grêles et effilés ; le *Thym* qui ranime le courage.

Puis d'autres plantes vivent aux dépens des autres, parasites ou commensales : le *Gui* sur les arbres ; dans les moissons le *Pied-d'alouette*, la *Fumeterre*, la *Nigelle des Blés*, à la belle fleur bleue, dont les feuilles ressemblent à des ailes ; et les *Champignons* bouffis et chlorotiques ; et les *Lichens* crustacés, coriacés, foliacés ; et les *Mousses* qui feutrent des tapis sous nos pas.

Ainsi chaque plante a son habitat, sa beauté, son expression, sa forme, révélation des énergies cachées que la Nature y déposa pour proclamer sa gloire.

# V

## LES OISEAUX, LEURS GÎTES ET LEURS NIDS

Pour des bêtes qui ne se couchent pas, de quelle utilité peut bien être une paillasse ou un lit? Or (hormis le temps de la saison des couvées), les oiseaux ne s'étendent jamais de leur long : ils se perchent sur leurs pattes, dorment debout, faisant corps avec la branche qu'ils enserrent de leurs griffes, avec la roche ou le sol sur lesquels ils posent. Ils logent ainsi, tant qu'ils vivent *en garçon*. Ils n'ont besoin, jusque-là, que d'un petit pied-à-terre, où ils puissent dormir, s'abriter contre le mauvais temps, cacher leur tête menacée : un bout de branche, un coin de terre, quelques feuilles assemblées, une motte de gazon, une pierre qui surplombe : voilà tout ce qu'il leur faut pour gîte.

De ces gîtes-là la forêt est pleine.

C'est ainsi que se logent : au bord des eaux, les *Riverains* et *Ceux du marais;* les *Sylvains* au fond des bois ; aux rochers, les *Montagnards;* en campagne, *Ceux de la plaine.*

Car, d'habitude, ils gîtent là où d'ordinaire ils fourragent, chassent, pêchent ou moissonnent durant le jour.

Et tous ces logis d'aventure ne leur tiennent guère au cœur, ils n'y trouvent ni les joies ni les douleurs domestiques qui attachent; ils les prennent au jour le jour, et suivant l'occasion.

Avant d'entrer en ménage, on peut dire que les oiseaux ne logent qu'à la nuit. Mais, sitôt que la nature leur sonne l'heure des épousailles, voilà tous nos bohèmes assagis : non! décidément on ne peut continuer à vivre ainsi! Il faut songer, désormais, à choisir quelque chose de moins précaire que ces abris au jour le jour; il faut qu'on ait son chez-soi; il faut de vraies petites maisonnettes, bien solides et bien chaudes et bien cachées aussi, pour les petits qui vont venir.

Et chaque couple se met à l'œuvre pour creuser, tisser, bâtir, suivant le plan que Nature mit à chacun au cœur, le petit foyer où ils doivent assurer la vie des printemps futurs.

Beaucoup nichent dans des trous :

L'*Hirondelle de rivage* fait son nid au fond des galeries, que de ses ongles elle creuse, au bord des îles, aux hautes berges terreuses des rivières; la *Bergeronnette,* qui servait autrefois aux enchantements, élit domicile entre des racines, ou dans des poches aux accotements des routes, près des eaux; le *Martin-pêcheur* choisit, sur la rive, quelque repaire abandonné des rats, et y édifie son nid, avec des arêtes de poisson et des cartilages; le *Moineau,* dans une fente de muraille, dans des pots de terre, fait à la grosse un nid lourd en forme de pelote, avec de la paille, de la laine et du foin, et ouverture sur le côté.

La plupart nichent dans les branches :

Le *Loriot* fixe un nid suspendu, fait de brins d'herbe et de laine, aux branches des arbres du verger, ou plus souvent aux branches d'un saule pleureur, dont les rameaux feuillus, en tombant, le recouvrent et le cachent; la *Fauvette grise,* la *Fauvette à tête noire,* la *Babillarde* couvent dans les buissons, pas bien haut de terre, dans de petits nids en corbeille; la *Mésange à longue queue* construit le sien en forme de dôme, avec entrée sur le côté, le recouvre de lichen, et le tapisse à l'intérieur de mousse, de laine, de poils tissés ensemble, et reliés par des toiles d'araignées et des fils de soie, empruntés aux cocons des chenilles; le *Roitelet,* avec force matériaux, herbes, mousses et feuilles, se fait dans les branches des sapins touffus un gros nid en dôme, qu'il tapisse de poils et de plumes; le *Pinson,* au chant rude, fait aux fourches des branches un nid en forme de boule, qu'il recouvre de mousse de lichen et garnit de poils de vache; le *Chardonneret* établit le sien au bout d'une branche, dans les épines, dans les vergers et les petits bois, et en ouate l'intérieur de duvet végétal; la *Fauvette des roseaux,* qui vit sur les bords boisés des rivières et des étangs, attache à trois ou quatre roseaux un nid profond, fait de fragments de joncs et de laîches, avec intérieur en poils de vache; le *Sansonnet* niche dans de vieux chênes, le *Bouvreuil* dans les buissons et les hauts taillis; la *Pie-grièche* construit dans les haies son nid fait de racines, de mousse, de laine, de fibres végétales; elle y met au creux du crin, et, comme un chef sauvage, expose à l'entour de son nid des cadavres d'ennemis, bourdons, hannetons, etc., empalés au fil d'une épine.

En haut, dans les arbres : le *Tarin* au sommet des sapins; le *Ramier* place, en travers d'une branche, des bûchettes en plate-forme grossière, et en fait, dans une simplicité extrême, un nid de forme circulaire, où il laisse le fumier s'accumuler;

la *Tourterelle* n'y met pas beaucoup plus de façons pour faire un nid à peu près semblable, de petits morceaux de bois gâché de terre; le *Corbeau* arrange en panier des branches sèches et les relie par des racines; il niche aussi aux anfractuosités des roches, dans les ruines.

Les *Hirondelles* et les *Martinets* maçonnent un nid en corbeille, fait de terre gâchée qu'ils appliquent aux corniches des toits, aux angles des fenêtres, aux saillies des murs; le *Rouge-queue* niche dans les maisons, les ruines et les arbres vermoulus.

Quelques oiseaux nichent à terre :
L'*Alouette farlouse,* dans une touffe d'herbe, dans un sillon; la *Perdrix,* la *Caille,* en plaine, dans les moissons; la *Poule d'eau,* au ras du sol, près des eaux; l'*Engoulevent* pose à même ses œufs sur la mousse des bois; le *Rossignol,* l'oiseau mystérieux au grand œil vif, élève à quelques pouces de la terre, au coin d'un bois, sur le jet d'un fossé,

un nid grossier fait d'herbes, de bûchettes, de feuilles sèches ; le *Rouge-gorge,* dans les taillis des grands bois sombres, pose le sien par terre, contre les racines, parmi les herbes, dans la mousse.

Enfin, d'autres nichent en des nids d'emprunt.

L'*Épervier* s'empare du nid d'un corbeau ou d'une pie ; le *Torcol* se case au nid du *Pic ;* le *Moineau,* souvent dans un nid d'hirondelle ; le *Martin-pêcheur* dans un trou de rat d'eau ; le *Coucou* dans un nid de *Fauvette babillarde.*

Voilà où vous trouverez leurs petites maisonnettes.

# VI

## PETITS RONGEURS, PETITS CARNASSIERS

Dans le chemin sous bois, dans le frais sentier charmeur qui vous mène au hasard à travers la forêt, devant vous tout à coup une bête a surgi...

Elle vous a regardé de son œil inquiet, puis tremblante elle a fui hâtant le pas, et elle a disparu. Elle a disparu; mais durant quelque temps l'apparition vous reste au fond des yeux... Elle était si jolie, la petite bête effarouchée; si jolie était la tache que faisait sa belle robe sur le gris clair, le brun foncé du chemin ou la couleur tendre du gazon vert.

Et quelque temps vous restez rêveur devant cette forêt hantée, qui par hasard vient de jeter sous vos pas un de ses mystérieux habitants.

Où donc se cachent-ils?

Ils sont chez eux, attendant l'heure qui fait la forêt déserte; ils sont chez eux, prêtant l'oreille au bruit menaçant de vos pas, qui troublent leur solitude.

Le *Lapin* est dans les terres de sable, au fond de son terrier profond à multiples issues; la *Musaraigne,* qu'on nomme aussi *Musette,* dans son terrier minuscule; le *Lièvre* gîte au creux d'un buisson, il se croit trop d'ennemis, le pauvre craintif: il veut toujours être prêt à détaler; le *Hérisson* se blottit dans les trous des haies, dans les racines des grands arbres; le *Loir* aux fentes des murailles; la *Belette* aux fentes des rochers; la *Taupe* habite une forteresse, comme le palais de Denys le Tyran, faite de chambres sans nombre; la *Loutre* s'abrite dans des excavations aux bords des rivières; le *Renard,* pour s'épargner le souci de creuser sa demeure, s'empare d'habitude du terrier d'un blaireau, du clapier d'un lapin; mais le retors connaît dans le rayon de sa chasse toutes les cavités qui peuvent lui servir de retraite. Dans la terre aussi habitent le *Mulot*, le *Campagnol*, ennemi des frelons.

Deux quadrupèdes seulement habitent des endroits élevés : la *Souris des moissons*, qui roule en boule une masure, tissée d'herbes, de mousses et de haillons; l'*Écureuil*, architecte habile qui se bâtit deux demeures : l'une pour l'été, pavillon élégant et joli; l'autre pour l'hiver, chaude maison qui l'abrite des frimas.

# VII

## HABITANTS DES EAUX

Dans les mares, qui sont le cloaque de la forêt, une vie intense grouille d'animaux singuliers :

*Vers de vase, Larves, Dytiques, Tritons, Salamandres* au corps en deuil, et sur les bords, le *Crapaud* difforme à l'œil clignotant, portant au dos ses hideuses pustules, pleines de venin, locataire de quelque tronc d'aune gluant et pourri.

Au ruisseau, vivent la *Grenouille*, la bonne nageuse; l'*Écrevisse* à l'armure merveilleuse; le *Chabot* à tête plate, qui fut taillé sur le patron du dauphin des mers; le *Veron* d'argent; l'*Épinoche* aux nageoires épineuses, qu'on nomme *Savetier;* *Pierre l'Ermite* y traîne son ermitage fait de petites bûchettes ou de petits cailloux.

Sur les mares et sur le ruisseau, des mouches patinent par légions; la *Punaise* aquatique nage, renversée entre deux eaux; l'*Araignée* se promène, en scaphandre, emmenant à son dos une bulle d'air prisonnière.

Et des coquillages en grand nombre, chiffonniers des eaux, s'en vont les débarrassant des détritus, des impuretés qu'elles contiennent: l'un de forme allongée, c'est la *Lymnée;* l'autre plus aplatie, c'est le *Planorbe;* puis aussi la *Moule d'eau douce,* à qui Linné fit produire des perles.

J'ai fini. Je me désole en vérité d'avoir ainsi sèchement passé en revue ces merveilles; mais je

ne fais qu'un *guide;* et d'ailleurs, si j'eusse tenté
de dépeindre les choses comme elles le méri-
taient, il eût manqué bien des couleurs à ma palette.

# LIVRE III

## Les Amours

LETTRES DU FOND DES BOIS

*A Paul Vidal.*

* *<br>* *

Madeleine,

E vous écris du fond des bois, d'une hutte en branchages comme les oiseleurs en font pour la pipée. Voilà huit jours que je vins ici transporter mon poste d'observation; et dès l'abord j'y fus mal accueilli. Tout ce qui chantait aux alentours s'en fut chanter plus loin; on me laissa comme un lépreux. Seuls, les insectes ne cédèrent pas la place; et je me suis vu soutenant, dans ma hutte violée, les entreprises de toutes leurs légions.

*Dieu m'est témoin que je l'ai fait sans colère. Je ne les tuais pas; oh! non; je les prenais comme prend sa prise tante Élisabeth, avec mille précautions, sans les froisser, sans leur faire de mal; puis je les laissais s'envoler, ou j'allais les porter hors de ma demeure. A des façons si pleines d'urbanité, ils ont bien vu que je n'étais pas méchant. Les envolés sont revenus et les insectes ont désarmé.*

*Maintenant, j'ai des bêtes tout autour de moi. Elles s'en vont deux par deux et causent d'amour, car c'est le temps des mariages : les insectes se cherchent, les oiseaux font leurs nids, les fleurs s'aiment aussi et j'ai pensé que je vous parlerais de tout cela.*

# Les Fleurs

## I

### LA FLEUR

A plante a grandi aux tièdes caresses du printemps, elle a grandi, et sous les chauds baisers du soleil, elle a senti bouillonner en elle comme un trop-plein de forces. Elle éprouve, à cette heure, que ce n'est plus assez d'une vie, qu'il lui faut sortir au delà d'elle-même, traverser les limites de son existence présente, pour créer d'autres êtres. Et voilà que, de toutes parts, sa sève s'épanouit en fleurs, douces couches nuptiales, où vont se procréer les générations nouvelles, espoir des nouveaux printemps.

Les fleurs, Madeleine, ce sont des nids. La nature, à les faire, a mis tout son génie; elle a varié dans d'admirables fantaisies les caprices de leurs formes; elle a pris, pour leurs couleurs, toutes les splendeurs de sa palette; elle a fait aussi ces couchettes bien chaudes, les tendant de velours, de satin et de soie. Regardez-les, ces frêles choses si jolies; n'est-ce pas, qu'à les voir, on comprend bien de quels soucis glorieux et de quelles fières tendresses la Nature a voulu entourer les secrets de sa maternité? Les amants sont là, au fond du calice parfumé. Vous reconnaîtrez l'épouse à ses flancs larges; les époux, vous les verrez dressant sur un mince petit fil de soie leurs bourses d'or, pleines des trésors de vie.

Parfois, sous un pli caché, quelques gouttes d'une liqueur sucrée, que la fleur distille et réserve aux insectes qui serviront ses amours.

Dans beaucoup d'espèces, les sexes sont réunis au sein de la même corolle; mais aussi vous les trouverez séparés, vous verrez même des plantes qui ne logent que des amants, tandis que d'autres n'hébergent que des amantes. La Nature a voulu séparer ainsi les deux sexes, ou, quand elle les rapprochait, s'est plu à accumuler les obstacles, afin de rendre impossible l'amour entre gens d'une même fleur. Elle craignait d'exposer la vierge aux tendresses prématurées des amants et, mère jalouse de sa fécondité, ne voulait pas confier le dépôt de la vie à des générations débiles, procréées hâtivement, par des coups de hasard, ou dans les transports de précoces tendresses.

Et ce furent les insectes et le vent qui reçurent mission d'aider les fleurs dans leurs amours.

II

L'AMOUR DES FLEURS

Je vais dire comment on s'aime, quand on s'aime au même nid :

Si les amants sont de même taille, lorsque sonne l'heure d'amour, les prétendants s'en viennent vers la promise lui porter leurs baisers : tantôt, chacun se présente seul; tantôt, ils s'en viennent deux par deux, trois par trois, en plus grand nombre, ou même tous ensemble, confusément.

Si les prétendants sont de grande taille, ils s'approchent de leur fiancée, au milieu d'eux plus petite, s'inclinent vers elle et la couvrent de baisers;

ou, restant debout, mettent leurs sachets en couronne au-dessus de sa tête et, comme dans la fable de Danaé, la fécondent sous forme de pluie d'or.

Si la haute taille, au contraire, fut donnée à la vierge, c'est elle qui se penche vers ses fiancés, lentement fait sa ronde et, les baisers reçus, se redresse fécondée.

Il est aussi des cas spéciaux. Dans la *fritillaire méléagre,* les époux sont logés dans un nid en forme de coupe. La vierge est de grande taille, et ne veut pas s'abaisser vers ses prétendants. Savez-vous ce que fait la fleur ? Elle renverse sa coupe et fait tomber sur la coquette les caresses des amants. C'est d'une façon analogue que se fait l'amour au *fuchsia.*

Mais tous ces mariages consanguins dont naissent des rejetons débiles, toutes ces unions sont contraires aux vœux de la Nature. Aussi, ces fleurs, bien qu'elles puissent s'aimer sans qu'on les seconde, n'en restent pas moins à la merci des insectes et du vent qui, presque toujours, se font un jeu malin de déranger leurs projets de mariage et de croiser leurs amours.

Souvent d'ailleurs, il est impossible aux fleurs qu'elles s'aiment au même nid.

Tantôt les sexes sont séparés. Tantôt ils sont réunis, mais les époux sont de tailles différentes et ne veulent rien faire pour échanger leurs caresses, ou leurs dispositions respectives les en empêchent.

D'autres fois aussi, la même fleur abrite de prétendus ménages mal assortis : les époux ne sont pas en âge d'amour et l'épouse veut déjà être mère ; ou bien, ce sont eux pour qui sonne l'heure d'aimer quand l'épouse doit rester vierge encore.

Or, dans tous ces cas, il faut bien que les insectes ou le vent aillent de fleur en fleur colportant les baisers.

# III

## LES MESSAGERS D'AMOUR

### LES INSECTES

— Oh! aidez-nous, disent les fleurs aux insectes; sans vous, nous ne pouvons nous aimer; aidez-nous, nous vous donnerons à boire!

Et les voilà, tous ces entremetteurs d'amour, guettant, d'après l'enseigne, l'auberge où l'on boit le vin qu'ils recherchent. Ils ont leurs fleurs choisies et, quand ils découvrent la plante qui les porte, ils vont de fleur en fleur, comme les ivrognes de grand chemin, ils vont se grisant et portant en même temps aux vierges les baisers des époux.

Pour ne vous citer qu'un exemple, je vais vous dire les amours de l'*aristoloche clématite*.

La fleur d'aristoloche est une demeure en forme de grotte. Fort étroite en est l'entrée, et de plus elle est feutrée de petits poils enchevêtrés, infléchis et plantés dru.

La grotte sert d'asile à des ménages, hélas! mal assortis. Les amants n'ont pas encore atteint l'âge nubile, et l'amante peut être mère. Ces pauvres époux ne peuvent cependant rester vierges; mais à qui donner leurs baisers?... Passe un moucheron, qui reconnaît son auberge; il fait halte, entre, donne de la tête dans les broussailles, fait tant des ailes et des pattes, qu'il force l'entrée et tombe dans la grotte.

Il s'en va tout d'abord aux choses sucrées que la fleur a préparées pour lui, puis, quand il a bien bu et mangé tout son soûl, il s'informe si l'on n'a pas, pour *à côté,* quelque message d'amour. Les époux sont fort empêchés, les semences de vie ne sont pas mûres encore. On prie le moucheron d'attendre, mais c'est pure politesse... il ne peut plus sortir; la grotte était une moucheronnière!... Il est bel et bien captif.

Un jour, deux jours se passent, les graines de pollen ont mûri, les époux en chargent le messager et l'en enfarinent de toutes façons. Or, en même temps que mûrissait le pollen, les poils se flétrissaient; l'entrée qu'ils défendaient est libre, le petit moucheron part, s'en va vers une autre grotte, où, peut-être, va-t-il trouver, auprès de prétendants trop jeunes, une vierge en fièvre de baisers qu'elle attend. Le voilà fécondant la vierge, mais encore une fois captif, attendant de nouveau sa commission d'amour pour reprendre son voyage... Ne croyez pas, au moins, que le sort de ces petits messagers soit très à plaindre. Ils sont prisonniers, mais prisonniers d'importance, traités avec les meilleurs égards. Souvent ils se rencontrent à plusieurs au fond de ces cachots, et l'on cause et l'on joue, et l'on trompe ainsi les ennuis de la réclusion. Un jour, en éventrant de l'ongle une

de ces bastilles, j'ai trouvé deux petits mouche-
rons, mâle et femelle, qui s'étaient rencontrés là,
par hasard, et, ma foi, s'étaient mariés.

———

## LE VENT

Le vent porte aussi les messages d'amour. Mais
c'est un colporteur sauvage, qui voyage par tous
les temps, au grand dommage de sa cargaison,
qu'une pluie, même légère, peut avarier. Puis,
c'est un messager bête, qui va, au hasard, épar-
pillant ses semences à l'aveuglette. Dans de telles
conditions, vous comprenez s'il doit s'en perdre !...
Bah ! la Nature a bien pris ses mesures. Lorsque
le vent passe sous l'averse, la fleur tient de son
mieux sa demeure fermée ; et quant aux milliers
de semences perdues, n'ayez souci, il peut s'en
perdre ! La Nature a tout produit dans une sura-

bondance inouïe, et chaque fleur est féconde en proportion des hasards que court sa semence.

Donc, le vent se lève. C'est lui qui à l'automne a fait les semailles; les chemins qu'il a pris pour ensemencer la terre, nul ne les connaît mieux que lui; lui seul peut retrouver les lieux où se sont arrêtées, pour y prendre racine, les graines qu'il portait. Peut-être, loin, là-bas, ensemencées par lui, des plantes s'épanouissent, dont les fleurs ne peuvent s'aimer sans qu'on les seconde. Elles sont hors du passage des insectes. Ceux qui se mettraient en route pour leur apporter les caresses fécondes ou pour en rapporter des baisers, risqueraient fort de perdre en chemin leurs commissions d'amour, car le voyage est long, la forêt pleine de pièges et la lande peu sûre. Le vent se lève en chantant, prend sur ses ailes ces provisions de vie et part en féconder les vierges.

# IV

## MATERNITÉ

L'acte d'amour est accompli; l'épouse est fécondée; mais tout se meurt autour d'elle. La plante s'est épuisée, les époux ont donné les baisers qui leur coûtent la vie; tout se meurt : la mère reste seule au milieu de choses fanées, mortes en holocauste à sa maternité; elle reste seule, avec ses flancs fécondés, où toute sa vie s'est réfugiée.

Elle grandit, puis, l'heure sonne de sa maturité,

elle entr'ouvre ses entrailles et jette ses graines ; un animal les lui vient prendre, l'oiseau, l'insecte, ou bien encore le vent qui passe.

Il est aussi des mères qui se sacrifient jusqu'au bout : sous forme de fruits, elles se donnent elles-mêmes en pâture, cachant dans leurs flancs, sous des enveloppes indigestes et dures, les graines que l'animal devra rejeter.

Et ce sont ainsi tous les conviés de la vie, qui aident la plante à ensemencer la terre, et, sans y prendre garde, assurent les moissons pro-chaines. Ils viennent à la plante chercher quelques fruits, quelques graines. Tout en prélevant ce qu'il leur faut, ils en déjettent, ils en gaspillent par centaines. Rassasiés, ils en emportent encore, at-tachés à leurs pattes velues, à leurs ailes, à leurs toisons.

La brise passe, recueille les déchets tombés du repas, va secouer le fruit desséché pour lui cueillir ses dernières semences, puis les emporte.

Or, ces graines sont légères, beaucoup ont des appareils de vol, des ailes de toutes sortes, en filets, en plumes, en aigrettes; elles volent, se dispersent, s'éparpillent, puis un jour s'arrêtent au hasard et s'endorment en attendant le nouveau printemps.

# V

## LES BERCEAUX

Et c'est tout! les fêtes d'amour sont finies!

En attendant que sonne l'heure de la résurrection, les plantes dorment dans leurs graines, berceaux aux formes étranges ; elles dorment, pauvres petites abandonnées, ayant près d'elles leurs provisions de bouche. Les mères épuisées ne pouvaient plus les nourrir; avant que de se séparer, elles leur ont fait des couchettes bien défendues, y ont mis des vivres pour jusqu'au printemps, puis elles sont mortes. Les vents d'automne et les bêtes alors sont venus prendre aux cadavres des mères les orphelines que la terre a recueillies, et voilà qu'elle semble à présent un grand asile plein de petits enfants sans mère qui s'élèvent au biberon.

Les voilà, comme le rat de La Fontaine, logées dans des façons de fromage. Comme lui, elles vivent des murs de leurs retraites; les murs épuisés, il faudra bien qu'elles sortent, mais elles seront déjà de fortes petites plantes, et pourront se chercher toutes seules ce qu'il leur faut pour se nourrir.

Alors aussi, comme leurs pères et mères, elles se marieront, et seront pères et mères à leur tour.

# Les Insectes

---

## LA VIE

C'est une destinée étrange que celle des insectes. Toute leur vie est un acheminement vers l'heure d'amour. Pour eux, vivre, c'est se rendre dignes d'aimer, et aimer, c'est mourir. Ils sortent de l'œuf sous la forme d'un ver mou et repoussant, ils rampent, et pendant de longs mois, pour quelques-uns, pendant des années même, ils vivent ainsi, piteux et misérables. Ils n'ont pas de sexe, pas d'idées d'amour; ils sont tout à la vie du ventre, terribles ravageurs, mangeant, et bien souvent mangés.

C'est l'instant de l'existence où leur action de destruction sur le trop-plein de la nature est la plus intense; mais c'est aussi le moment qui leur est le plus souvent fatal, car, pour le traverser, ils sont nus, désarmés, pitoyablement lents à fuir.

Ils vivent ainsi de longs jours, les uns à l'air libre, d'autres sous terre, au fond d'un gîte, ou, comme le peuple de terres noires, dans des galeries souterraines; d'autres encore s'installent en parasites, en commensaux, chez les plantes ou dans le corps des bêtes.

Ils vivent et ils luttent, afin d'arriver à l'heure espérée, à l'heure promise à tous; mais ils sont trop nombreux, mais ils sont trop pressés au banquet de la vie! Dans cette foule sans nombre, il faut des sacrifiés et il faut des élus.

# II

## LES ÉPREUVES

Cette longue attente, au milieu de dangers de tous les instants, est la terrible épreuve que leur impose la Nature, la grande mère jalouse, qui ne veut confier le rôle de transmettre la vie qu'aux plus forts et aux meilleurs.

Ils luttent et beaucoup meurent : les uns, c'est le plus grand nombre, sont mangés ; d'autres meurent de faim, de froid, de mort violente.

Oh! ceux qui ont pu, sans coup férir, traverser tant d'obstacles, soyez-en sûre, apportaient dans la lutte une supériorité réelle, car il est impossible d'attribuer à une suite de hasards heureux leur victoire sur les survivants. Ceux-là, ce sont les élus.

Ils luttent de leur mieux, et quand le temps est fini de cette rude première épreuve, comme l'heure d'amour approche, ils entrent en retraite. Les uns s'enveloppent de feuilles, se font un fourreau de bûchettes, une cuirasse de petits cailloux; d'autres se roulent dans des mottes de terre qu'ils ont pétrie de leur salive; d'autres encore iront se pendre par les pieds à quelque vieux mur, et, cachés derrière des toiles d'araignée au rebut, tout en pendillant, se cousent dans des façons de sacs, de soie ou de parchemin. La respiration, la circulation sont suspendues; leur vie semble arrêtée.

Cependant, il est encore trop de survivants! Et la mort prélève son tribut sur tous ces désarmés qui ne peuvent pas fuir et qui n'ont pas de défense. Elle prend ce qu'elle trouve et forcément ne trouve que les plus misérables, les moins rusés à se choisir la plus sûre cachette.

Les meilleurs échappent donc une fois encore

à la mort. Ils dorment, attendant l'heure du réveil. Un jour, enfin, ils brisent leurs bandelettes, font éclater leurs cocons, et sortent de leurs retraites beaux et transfigurés. Ils étaient laids, ils étaient nus; ils sont splendides, comme des pétales envolés, comme des joyaux de haut prix; ils rampaient, et ils ont des ailes!

Pour la première fois, ils se voient dans leurs habits de noce, ils ont à vivre quelques jours seulement, quelques heures peut-être; car ils ne se sont faits ainsi superbes que pour échanger dans un baiser mortel leur vie éphémère. L'air est plein de parfums, de chansons, de caresses. Regardez-les passer, grisés, ensauvagés d'amour : beaux papillons vêtus de satin, de velours et de soie, libellules en dentelle, frêles mouches aux ailes de mousseline, coléoptères ravissants sous leurs armures éclatantes, regardez-les passer dans le soleil.

# III

## L'AMOUR

Ils sont parvenus à l'heure d'amour! Ils sont sortis triomphants des milliers d'obstacles accumulés sous leurs pas. La Nature aujourd'hui peut les considérer, à juste titre, comme de bons ouvriers dans l'œuvre de vie qu'elle attend d'eux. Elle leur doit désormais une protection plus jalouse. Et en effet : d'abord le temps est très court de cette dernière épreuve ; puis l'amour les rend moins mangeurs, et partant s'exposant moins, s'épargnant davantage ; de plus, leur instinct de conservation s'est affiné par l'expérience et développé en raison de la grandeur de leur nouvelle mission; enfin, pour fuir le danger, ils ont reçu des ailes; des armes pour l'affronter; pour l'attendre, de merveilleuses armures.

Sans aucun doute, ils sont encore trop nombreux à se partager les subsistances; il faut toujours des morts! Mais n'ayez souci, ce sont encore les plus faibles qui tomberont victimes.

Et quand, enfin, par suite de ces éliminations successives, la Nature en est venue à marquer, entre tous, ceux qu'elle a choisis pour être les bons ouvriers de son œuvre féconde, elle est bien en droit de compter qu'il lui reste les meilleurs.

# IV

## LA MORT

Ils s'aiment. L'époux meurt et la femelle devient mère. Elle aussi, d'ailleurs, va mourir à son tour; mais, avant qu'elle meure, une heure lui reste pour assurer le sort des orphelins qu'elle laisse sans défense. Une heure! Anxieuse, elle cherche, avec l'expérience de sa longue vie disputée, se souvenant des périls rencontrés et des dangers vaincus; et quand, enfin, elle a trouvé ce que, dans une seconde vue étonnante de maternité, elle croit le plus sûr abri, elle y cache ses tendres œufs, et meurt doucement.

Le cycle est fini. Une autre génération commence.

# Les Oiseaux

## I

### LE RETOUR DES ÉMIGRANTS

A part quelques-uns qui nous étaient restés fidèles, ils étaient presque tous partis. Mais aussi, durant les longs mois d'hiver, ici, sans pâture, pauvres petits oiseaux, que seraient-ils devenus! Vivre d'économie? il n'y fallait pas songer, ils n'en avaient pas : c'est si court un été!... et tant de choses à faire : chanter, prendre femme, bâtir des nids, et nourrir un tas de petits gloutons toujours la bouche pleine. Pouvaient-ils, dans ces conditions, se soucier de remplir des greniers d'abondance? — La terre gardait bien, il est vrai, les larves et les graines qu'en mourant, à l'automne, les insectes et les fleurs lui avaient confiées; mais elle ne pouvait livrer ces réserves; avec quoi donc la Nature ferait-elle son printemps?... Non, il valait mieux que les oiseaux partissent; d'ailleurs, il allait faire froid!

Et presque tous nous avaient quittés, fuyant la disette et la neige. L'automne nous les prit; le printemps les ramène. Depuis la mi-février, ce fut comme un passage de troupes; tous les jours il en rentrait, un par un, deux par deux, en petites bandes, en grandes compagnies. D'abord, les hochequeues gris, puis les rossignols des murailles, puis les fauvettes à tête noire, puis d'autres encore, puis enfin les martinets et les contrefaisans. Aujourd'hui, tous nous sont rendus.

# II

## LE CHOIX DU DOMAINE

Ils ont commencé par se partager le domaine. La terre et le ciel sont à tous; mais encore, le genre de vie, les habitudes et les mœurs déterminent le choix de chacun. Aux uns, il faut les champs, les buissons dans la plaine; aux autres, la forêt, la vallée, la montagne; à ceux-ci, les bords des eaux; à ceux-là, les taillis ombreux ou les hautes futaies. Les uns vivent d'insectes, d'autres de graines, d'autres encore de chair fraîche. Et suivant la diversité de leurs mœurs ou de leurs moyens de subsistance, ils se sont répartis dans les prés, sur les monts, dans les bois; et déjà, de toutes parts, c'est un concert de chants, de gazouillements, de ramages, avec accompagnement de battements d'ailes.

L'emménagement ne s'est pas fait sans tapage. Chacun prétendait à la possession exclusive de l'arbre, du trou de roche ou du buisson choisi; et de plus, ils voulaient tous, accompagnant l'arbre, le trou de roche ou le buisson, un territoire mouvant qui fournirait, à la façon féodale, la récolte, la chasse ou la pêche. Dans ce monde-là, la loi du plus fort et la loi du premier occupant règlent seules le droit de propriété; il a fallu des contestations, des cris, des débats, des discussions sans nombre avant d'établir tant bien que mal un *modus vivendi,* hélas! encore fort précaire.

# III

## L'ENTRÉE EN MÉNAGE

Après le retour des émigrants, et le domaine une fois choisi, les oiseaux, presque tous, songèrent à se mettre en ménage. On vit les mâles s'aller percher plus haut qu'ils n'avaient coutume, et chanter là des chants aux notes plus émues. Les oiselles passaient, courant de tous côtés ; on entendait trotter des mille petits pieds et voler des milliers d'ailes ; elles allaient, exaltées et les yeux brillants, prendre un époux parmi les doux chanteurs qui se proposaient en mariage ; et, pour le conquérir, elles faisaient, à qui mieux mieux, assaut de grâces et de coquetteries. Il y eut des triomphes et des défaites, des chants de victoire et des cris de vengeance; il y eut des luttes, des combats corps à corps; bien des plumes volèrent au vent et le sang coula en maintes places. Mais à présent, c'est tout : les couples se sont formés; il n'est plus, dans les bois, que des nouveaux épousés, aimants et fidèles.

Or, c'est pour avoir des petits que les oiseaux se marient, la loi de la nature le veut ainsi; et l'on doit au plus tôt aviser à construire le nid. Dans la plupart des espèces, c'est la femelle qui s'en charge. Le mâle ne prendra au sérieux son rôle de père qu'au jour où les œufs seront là, devant lui; mais à elle, un mystérieux instinct maternel lui montre déjà, comme par avance, sa petite couvée, et c'est cette chère vision qui, dès aujourd'hui, lui révèle la forme et les convenances du berceau. Le mâle sent combien il est gauche; il se fait humble, petit; il s'efface, bien changé des airs vainqueurs qu'il affectait en chantant, voilà quelques jours à peine. Elle l'admirait alors; c'est lui qui l'admire aujourd'hui et qui l'aide. Il court en quête des matériaux dont elle a besoin : « Ceci peut-il te convenir ? — Mais oui, ami, mets toujours là, nous verrons, dit-elle, pour ne le point décourager. » Et sitôt a-t-il le dos tourné qu'elle jette, en haussant un peu les épaules, les prétendus trésors qu'il ramène. Il a parfois des cris de victoire pour des trouvailles tout de clinquant; et, d'autres fois, il apporte, sans en savoir le prix, le produit d'une chasse qui fait tressaillir d'aise la brave petite femme... « Tu n'as pas encore utilisé le morceau de fil de fer que je t'ai apporté; ça ne ferait pas mal pourtant, je pense. — Oui, ami, mais ça pourrait blesser les petits. — Ah!... »

Une autre fois, près du hameau, il ramasse, sans trop y croire, un morceau d'un vieux chapeau haut de forme, à longs poils de lapin; et tandis qu'il ramène son butin, par acquit de conscience, et le propose peu convaincu, elle s'exalte : « Oh! c'est du bon, ça, ami! » Lui se rengorge, d'un air de dire : « Je le savais. »

Il va, vient, vole, court, fait l'empressé.

« A quoi puis-je être utile ? — Assouplis avec moi cette bûchette et la plie. » Sans chercher à comprendre, et comme ceci rentre dans ses moyens, il empoigne de son bec et de ses pattes et tourne, mais il y met trop de zèle, et la bûchette va casser. « Oh ! pas tant ! ami, pas tant, » dit-elle. Lui, encore tout gonflé de l'effort, prend de faux airs modestes et semble dire qu'il n'en peut rien, que c'est toujours ainsi, que c'est à cause de ses « doubles muscles ».

Quand ces mille tours l'ont bien mis en nage, il monte se percher sur une branche au-dessus du nid, il regarde si personne ne l'épie, s'ils sont bien seuls tous deux, et pendant qu'elle continue à travailler, il chante pour la distraire.

Enfin le nid est fait ! Ce sont alors des cris de triomphe et de joie, et de longues contemplations émues devant le chef-d'œuvre. Lui cependant regrette son morceau de fil de fer. Elle, déjà soucieuse, rôde autour du buisson, épiant si rien ne trahit l'existence du berceau ; puis elle l'essaye, se fait très lourde pour éprouver s'il est bien suspendu et pourra supporter sa charge... Oui.

Et maintenant, la petite mère peut mettre ses perles dans l'écrin.

# IV

## LA CITÉ DES NIDS

Les oiseaux, pour bâtir leurs nids, se distribuent dans la nature en raison des lois de la *répartition* et de l'*équilibre de vie;* en sorte que les petites maisonnettes qui forment leurs cités, se trouvent éparpillées de ci, de là, au grand mépris de la symétrie et sans souci d'alignement. Elles sont de toutes formes, au reste, et construites de tous les matériaux qu'on peut imaginer. Les unes sont de mousse, de joncs, de roseaux, d'écorces, de brins d'herbe fanée, de bûchettes entrelacées; d'autres sont maçonnées et presque toutes tapissées de douces choses, de crins soyeux, d'un peu de plume ou d'un peu de toison. Il est des maisonnettes que l'oiseau a construites de ses propres ressources; d'autres, trous d'arbres vermoulus, crevasses de vieux murs ou de roches, qu'il n'a fait qu'approprier du mieux qu'il a pu; il en est qui sont des merveilles d'industrie, comme les nids du loriot, de la fauvette des roseaux, de la mésange à longue queue; d'autres, comme la maison de paille du moineau, faites à la diable et sans prétention au grand style; mais, quelles qu'elles soient, toutes sont charmantes.

# V

## LA FAMILLE

La ponte suit immédiatement l'achèvement du nid; et, avec les œufs, espoir d'une chère couvée, commence l'heure des grands dévouements, mais aussi l'heure des grands périls. Des bêtes rôdent par les bois qui font leur pâture des œufs d'oiseaux. Oh! comme il faut veiller sur ce cher trésor! Ils veilleront, ils le défendront. Pauvres petits êtres si farouches et craintifs! l'amour leur donne une intrépidité sans exemple, un courage qui va souvent jusqu'au mépris de la vie.

C'est à la femelle, d'ordinaire, que revient, en grande part, le pénible labeur de l'incubation ; pour de longs jours elle va se tenir immobile et les ailes ployées sur les œufs qu'elle doit faire éclore. Le mâle la nourrit. Quand elle se sent lasse de son inactivité trop longue, il prend sa place, mais pour peu de temps, car elle est jalouse des privilèges de sa maternité.

Elle couve. Enfin vient l'heure de l'éclosion ; les petits, qui veulent voir le jour, frappent à leur coquille, et la mère les aide à la briser. Ils sortent de leur prison nus, grelottants ; elle et lui les trouvent beaux comme le jour ; en réalité, ils sont affreux ; et rien n'est drôle comme de les voir allonger, sur leurs gros ventres de magots chinois, de longs cous nus qui vibrent et portent, au bout, de grosses têtes aux becs démesurément ouverts et criant la faim.

Cependant, les dangers se font de plus en plus pressants. Le mâle, tout le long du jour, est en chasse sans repos ; les petits demandent à manger : il faut aller, courir, affronter les pièges, risquer cent fois de trahir le chemin du nid ; puis ils crient tous ces petits. On peut les entendre.

Que de soins pour prévenir, conjurer les dangers de toute sorte ; que de ruses pour dépister l'ennemi ; oh ! comme dans les bois la vie est peu sûre !

Et pendant que lui chasse, elle reste au logis, veillant ses nourrissons ; elle les soigne, les tient bien chaudement, leur fait leur toilette, épie leurs besoins... et les pousse au bord pour qu'ils n'aillent point salir la maisonnette.

Après quelques jours de cette vie toute végétative, viennent les soins d'éducation professionnelle : cours d'alimentation, leçons de vol et de chant, conseils pour se conduire dans le monde... y sauver sa vie... puis enfin, quand les ailes ont poussé, c'est la dure scène des adieux !

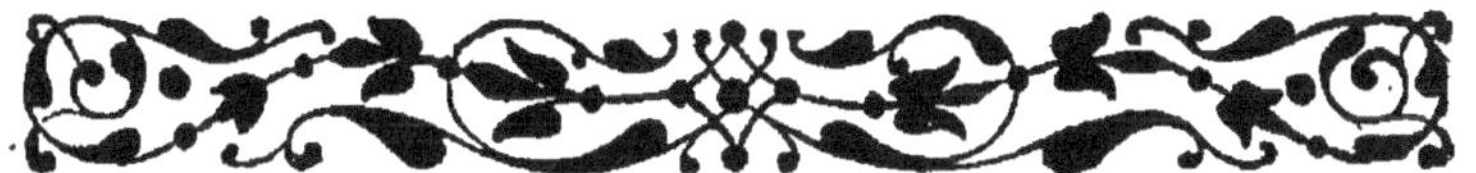

*
* *

Madeleine,

J'AVAIS *autrefois un ami qui détruisait les papillons. Il allait les prendre, les faisait mourir, puis les piquait sous verre, les ailes étendues. Il en avait beaucoup et en était très fier. Moi, cependant, je le blâmais, car ses papillons me faisaient peine à voir : ce n'étaient plus ces jolies choses qui volaient parmi les fleurs; ils étaient là tous, étendus sans vie, et les couleurs des ailes étaient fanées. C'était pitié ! — Je l'en blâmais, et voilà que j'ai fait comme lui : j'ai voulu pour vous le montrer, cousine, prendre un petit coin de nature... et je n'ai pu lui conserver la vie; et la beauté s'en est flétrie.*

# LIVRE IV

---

# La Maison des Champs

LETTRES A MESSIRE CLOPINEL

*A Charles Léandre.*

*
* *

JE ne suis point ignorant qu'aucuns seront en inquiétude de la cause pour laquelle j'ai pris ici le vieux langaige. Je l'ai pris afin que les lecteurs amis se puissent reposer, trouvant pasture nouvelle en ce clair verbe de mode antique, qui fut si doux, si naïf et aussi bien fertile. D'autres avant moi l'ont ainsi faict, je le puis bien faire.

*
*   *

Messsire,

E n'a pas été sans grand plaisir et contentement que ai lu vos deux lettres; et ainsi que m'en priiez en icelles, me suis transporté au tant vieux chasteau gothique que venez d'achepter. Je l'ai visité, des oubliettes jusqu'à la tour du guet; ai parcouru aussi, de pié, vos huit cents arpens de parc ancien, maintenant devenu forest; vrai! en suis encore tout esbahi! Comme nature pourtant travaille mieux que les hommes! Oh! heureux, mille fois heureux, mon feal ami! Non, rien n'est si joly au monde que votre parc ancien, avec son tant vieux chasteau.

Or, pour ce que vous me faites honneur de me dire que vous plaist extrêmement notre petit domaine, et que souhaiteriez en ceste façon le vostre aménager, je veulx, à votre requeste, vous escrire mon sentiment et bailler conseils sur maison forestière, ainsi que la comprends. Le ferai, Messire, et gaillardement, pour vous servir, et aussi pour ce que mon cœur haultement se plaist en ceste matière, comme estant celle où ai gousté grand repurgement de cœur et d'esprit.

J'étais si las de joustes, noises, inimitiés, trahisons, faintises où m'avait le monde englué et pipé, si las aussi d'artifices, de choses fausses et de parcs pomponnés! et quand voyais passer un vrai asne ou lorgnais du coin de l'œil un simple pauvre buisson d'aubespine, je me disais : « Oh! quand pourrai-je vivre à l'ombre des grands bois! » — Puis, un jour je partis et plus ne revins. Et vous le dis, plus ne suis dolent depuis que vis parmi les champestres.

Ainsi vous plaist tant, me voulez-vous bien dire, ma maison forestière, que pareille ordonnance à la vostre il vous faut. N'ai vraiment que bien petit domaine, mais de petit on peut conseiller grand ; et pour ce que m'en priez, vous dirai comment moi ferais, si plaisait à fortune si grand lot qu'à vous m'octroyer. Plutost théorique (c'est éthique que pourrais dire) plutost théorique que pratique vous baillerai ; car, de pratique, auteurs tant anciens que modernes ont là-dessus escrit tous à l'envy.

Si alliez toutefois me juger absolu et retors en mes conseils, certes ne verriez pas, Messire, la vérité de mon ame. Cuidez bien que ne prétends point mécognoistre plus que de raison légitimité de gousts et, par la suite, de styles différens. Oh ! que nenni ! Complaisance de l'esprit est toujours chose sage et bien entendue ; et qui donc peut decreter qu'en genre unique est toute jouissance admissible ! Mais voulez maison forestière, est-ce pas ? Ici s'impose style de Nature et de celui-là veulx traiter, non de celui de messire Le Nôtre.

Par ce propos d'exorde insinueux (ainsi qu'on dict) je me debvais de commencer.

Vous baillerai doncques ès lettres subséquentes,

conseils sur habitation, bois, parcs et jardins, sur le bestial, les bestioles, bestes sauvages, etc. Mais, cuidez-moi, descagez-vous au plus tost de la cité.

Et ce attendant, Dieu de tout mal vous garde!

———

Ai doncques voulu revoir votre vieux chasteau. Est vraiment de superbe veue, avec ses grands fossés d'eau lui faisant défense; oui pour vrai, est, à ne pas dire combien! de tous poincts agréable à cause des raretés desquelles est doué, et des beautés qui le qualifient : assis comme au centre du val sauvage, en bon air, belle assiette et ayant les eaux à souhait. Il est tout basti; conseils sur lui seraient conseils sur pain déjà cuit (comme on dit); et de reste, je

le devrais faire ériger moi-mesme, ne le voudrais
pas aultrement.

Quant aux appartenances, aux logements de
vos bestes et de vos gens, vous dirai l'heure venue
loges qu'il faut ; et, comme est choix de l'empla-
cement capital, les passant une après autres en
revue, en parlerai disant de chacunes ce qui est
opportun.

Toutefois, d'entrée, je vous veulx mettre en dé-
fiance contre idée malotrue : Ai vu, et souvent ai
vu, parcs et jardins tout pleins de constructions
de laves, de ruines Grecques, chasteaux-forts dé-
mantelés, tours Sarrazines, grottes de coquillages,
et autres sots affiquets. Foin ! très-honoré ami, de
ces choses fausses ! Cuidez-moi, quel que soit le
style donné à vos loges, évitez ce qui n'est pas de
bonne foi, évitez aussi les formes chagrines : qu'il
y ait de la liberté et quelque fantaisie dans l'ar-
chitecture, et qu'elle se mette en harmonie avec
le paysage ; que les toits de vos cabanes soient de
chaume, de fougère et de mousse ; que soient cachées les pierres par lierre et vignes vierges ; et

faites de façon, pour les loges des bestes, à dissimuler sous plantes grimpantes et ornements naturels, ce que toujours a de triste le spectacle de la captivité.

Quant à ce qui est du parc et du jardin, n'ayez cure d'y rien changer. Partout, chez vous, nature a plus fait, mieux fait que imagination oserait demander. Vous le dis, compartiments de M. Le Nôtre seraient laids, grigneux, chenus près de ce que a gagné en beauté naturelle votre vieux parc, depuis si longtemps que il est abandonné.

Ès parcs, ès jardins, souvente fois on voit aussi arbres s'en courir parallèles, tilleuls et marronniers se regarder plantés qu'ils sont en quinconce, en triangle, on voit charmes taillés en murailles, des vases, des urnes, des fois mesme, le buste du maistre du logis. Oh ! vraiment misère est de contempler les gens faire semblable gausserie, planter arbres et fleurs comme planteraient choux, panais ou naveaux, par rondaches, par plates-bandes et carreaux, en un mot par figures géométriques. Ès nature, dictes-moi, mon très-honoré ami, voyez-

vous figures géométriques? Non! n'est-ce pas?
Mais choses sont toujours bien enveloppées, bien
fondues sont-elles toujours, et ce leur est beauté.

Ai, moi, dans un coin de mon petit domaine,
sur l'eau qui coule en jargonnant, deux grands
peupliers tombés par une nuit de tempeste. Je les
ai laissés là; et sur eux renversés ont monté des
lianes de toutes sortes, et fait le tout, ainsi, si belle
route que ne pourriez croire!

Un jour, cependant, un mien voisin jardinier
me dit : « Faudra, voisin, tailler là en plein vif.
— Oh! que nenni, ai-je fait, ne taillerai pas,
l'ami; et vous, me faites ceci, vous prie, mettez-y
dix ans,... vingt ans mettez-y; et me réalisez si bel
arc de triomphe! » Il fut coi. Le crois bien. Nature est premier jardinier du monde!

En fait de plantations, un poinct encore me
poinct et me desplait; et vous en veulx entretenir,
car je trouve la chose sans logique, à sçavoir
celle-ci : Des plantes à nous données par Nature,
les unes sont dédiées ès bois, d'autres aux parterres. Et pourquoi, je vous prie? Pourquoi ne

seraient fleurs de bois sauvages, fleurs de jardin de plaisance ? et semblablement, fleurs de jardins de plaisance, fleurs de bois sauvage ? Que serait beau bois sauvage où viendraient lys, violettes, œillets, et roses trémières, et couronnes de l'empereur ! Que pareillement serait beau jardin de plaisance où pousseraient esglantiers, ronces, chèvrefeuilles, viornes, aubespines, et ancolies, digitales purpurines, saponnaires, liserons, que sais-je encore !

Mais ne les entend point voir planter, comme ils plantent eux, en marqueterie, ou tapisserie, façon vilaine de comprendre Nature : car si les fleurs sont données comme bouts de laine au tisserand ou bouts de soye, au lieu d'aller veoir vos parterres, je aurais en cartons bel assortiment de crespons de la Chine, que je contemplerais à loisir.

Fault semer, Messire, comme sèment les vents, les bons semeurs de Dieu, ou les laisser faire afin que fleurs soient partout distribuées, d'après la physionomie naturelle, et non comme ès jardin botanique.

 És parcs aussi, dont vous parlais plus haut et où on voit grottes de coquillage, pagode et tour Sarrazine, si ils ont un petit ruisseau, ils lui font faire en des jets d'eau mille singeries par les airs. Ne les imitez point, très-honoré ami, laissez l'eau courir, Nature la conduira, tantost coulera rapide, ici à ciel ouvert, là sous dosme de verdure. De ci de là, seulement, jetterez pont rustique pour relier les rives.

Enfin, et me résume ainsi, je dis à tous : Si vous voulez modèles à vos parcs, pour maisons forestières, allez sur les monts, recueillez des tableaux, interrogez les bois, les fontaines, apprenez à composer et sur toutes choses laissez Nature faire à sa fantaisie. Point je ne veulx dire toutefois, très-honoré, que ne la puissiez et deviez aider, dire : « Tiens trop vert est ce massif; y vais piquer de petits buissons de plus clair feuillage. — Ici serait bien une chaumine... » Et à coups de hache, ainsi, faites dans la forest vierge de grand's blessures (que Nature aura tost réparées) pour establir vos loges et vos cabanes, et mesnager cadres de ci, de là, expositions et poincts de veue.

Cela fait, si m'en croyez, augmenterez partout la vie. Sçais bien que veyant votre parc si familial, si accort, si tranquille, si désert, toutes bestes y viendront; et, il n'est ne avette, ne papillon, ne beste d'aucune sorte, qu'on rencontre à six lieues aux entours, si on leur demande : « Et où demourez-vous ? » qui cette response ne donnera : « Ès joly bois de messire Clopinel, pardi! » le sçais bien; mais vous fault aussi des bestes, à vous, pour augmenter la vie, et pour vous esjouir en vous donnant proufit.

Voyez-vous combien sera jolye, alors, votre maison forestière avec ses loges, ses chaumières, ses cabanes s'esparpillant sous bois, courant, se desbandant, et perçant sous le feuillage, et l'avivant de leurs tons jaunes ou rouges.

## II

### DES BESTES ET DES GENS

Ainsi sera, dans le grand parc si beau, quantité de petites chaumines, de huttes, de cabanes qui riront sous les arbres, et où trouveront leur giste vos bestes et vos gens.

Pour beaucoup, vraiment, doivent compter les bestes dans les délectations de la vie champestre. Rien que pauvre petit mouton broutant de l'herbe est tout-puissant à animer le paysage; et vous aurez bestes de toutes façons. Là, seront vos belles vaches ruminant et vous regardant passer tranquilles, avec leur grand doux œil; sur le petit ma-

melon bossu et montueux, verrez danser vos chèvres folettes; plus loin, vos débonnaires moutons;
dans les taillis, vos oiseaux chanteurs; vos aquatiques, dans la rivière, et vos poissons; sous la futaie,
vos prisonniers sauvages; au ciel, vos colombes;
là, les petits lapins; il n'est pas jusqu'au cochon
qui ne donne délectation à regarder, car il est
drôle; enfin là, Messire, là, le voyez-vous sous bois?
le tant bon asne aimé! Oh! spectacle enchanteur!
oh! les beaux pourmenoirs ès jardins! et délectation sans seconde sera alors pour vous, bon seigneur du logis, au soleil levant, au midi, à la vesprée, de vous en aller prendre vos esbats, emmi
tout ce brave peuple enfantin et naïf.

Pour les soins que il réclame, fauldra des gens
cependant et, si m'en croyez, prendrez des mal-
heureux. Cherchez de vieux rustiques, des vaga-
bonds las d'errer : vieux berger, vieux braconnier
sachant les bestes, vieux pescheur, quelque façon
d'ancien moine : au moine donnerez les volières,
les bestioles et le colombier; au braconnier les
bestes sauvages; au vieux berger les moutons, les

chèvres et les vaches; au pêcheur le vivier et la rivière; pour la basse-cour prendrez Maritorne, ou, se peut aussi que de vos vieux rustiques l'un ou l'autre ait sa femme, ce qui mieux vault encore.

Pas n'est besoin de beaucoup de gens, mais qu'ils aient cœur au métier et que ils soient dévoués et fidèles; et le seront si trouvent, en votre maison forestière, asile et port contre misère qui les attendait. Ils porteront de grande joie le vivre aux bestes, assurés que ils sont du leur; entretenus, seront curieux aussi de l'entretien des bestes; leur vocation de toute une vie leur donne garantie de valeur; et puis, ces gens qui ont peiné, et toute l'existence se sont subvenus mesme dans leurs fantaisies loin de la cité, où tout s'achepte pour quatre sous, ces gens seront très industrieux et sauront un peu tout faire, maçonner, charpenter, sculpter, voire faire paniers, un tas de petites bricoles, comme on dit. Et tout ça est bien; car le répète, la vie champestre pas seulement n'est de délectation et agrément, mais aussi de proufit.

Or serez le roi de tout ce monde, vous, messire Clopinel, et si trouvez bon, veulx vous dire un mot des rapports entre vos bestes et vos gens : de là seront issues règles de gouvernement et de police ès maison forestière.

Nous faisons de beaux dicts du « Pouvoir qu'a l'homme sur les animaux » ; mais si animaux pouvaient à leur tour nostre langue jargonner, entendrions de beaux dicts sur « Pouvoir qu'ont les animaux sur l'homme ». Avons trouvé des droits de nature et des lois inaltérables pour établir l'excellence de notre estre, et nous sommes si exaltés de la teste à propos de notre supériorité, que vraiment avons dépassé la limite. De bon aloi, cuidez-vous que tant de caractères nous séparent de nos humbles commensaux de la terre ? On a reproché aux animaux de ne pouvoir tailler des pierres, lancer des sagettes, allumer du feu : mais aussi, pourquoi vouloir que bestes allument du feu, lancent des sagettes, taillent des pierres ? Est-ce que elles nous ont reproché de ne point monter aux arbres, nager, voler comme elles ? Avons meilleure intelligence, je le veulx; mais elles meilleure veue, odorat plus fin; et vous demande si chien nous a proposé jamais, à nous, de retrouver aux herbes d'un pré les odeurs d'un lièvre, passé là, voilà deux heures! On a dit : Bestes n'ont point de langaige. Mais si! nous ne le comprenons point. Parlent très bien! non de philosophie, en ce sont heureuses; ne sont point non plus venues au monde pour faire philosophie, mais pour vivre, aimer, mourir; or, ont bien le langaige de cette façon de vie, et certes leurs cris et expressions de joie, de douleur, de colère, d'impatience, d'amour, de crainte, de mort, ils les ont supérieurs à nous, moult mieux appropriés, et non viciés par masque, que presque toujours nous portons. Après ce, le veulx bien, plus qu'eux sommes intelligens; mais, si pour pareille raison on avait droit de réduire le monde en esclavage, qui de nous ne serait esclave? Avons-nous point tousjours quelqu'un supérieur à nous? Tout homme n'est-il point tousjours court par quelque bout?

Cuidez-moi, mon féal ami, toutes ces braves

bestes qui, oubliant leur indépendance, se sont engagées dans notre communauté pour en partager les charges, ont droict au proufit et les doibt-on mener avec grand égard. C'est à nous famille de condition inférieure, ils ne sont point nos esclaves, sont nos frères inférieurs et voilà tout!

Donnez à vos gens ces idées. Eux, en retour, ont titre et droict à vos plus grands égards. Le bon seigneur et sage mesnager est tousjours agréable, courtois, gracieux et libéral envers ceux qui lui font service.

Ainsi, bestes et gens, sous la crainte de messire Clopinel et des lois, vivront distingués entre eux par divers ordres, mais liés les uns avec les autres par ferme lien de bienveillance et de fraternité.

# III

## DES CHIENS

Serez doncques roi, vous, mon très-honoré ami, et pour ce vous fault garde prétorienne, pour splendeur et pour aussi que puissiez faire observer vos lois et respecter votre autorité ; or, pour ce, prenez des chiens. Et comme vivrez loin de la cité, et partant exposé aux larrons du chemin, vous fault des chiens de grand cœur et de masle entreprinse ; car, encore que ne soyez pas du tout pusillanime et couard, vous fault des amis sur qui compter ; et sur qui plus que sur gros chiens loups ?

Ai en dégoust les petits bastards; n'estes point chasseur (un pourtant ou deux chiens de chasse vous fauldra), tenez point à parade et n'aimez point chien de luxe (à quoi bon sont bons ?); doncques prenez chiens dont mère ait forniqué avec les loups, prenez chiens qu'on dit de berger, eux sont types et vrais chiens sauvages. Ceux-là ne laisseront jamais de faire garde. Prenez beau masle et puissante femelle, laissez-les fonder chez vous famille, et gardez les petits, afin que tous ils se cognoissent et entendent; parce que ceux qui sont nourris ensemble s'entendent et amendent mieux que ne font chiens pris à divers lieux. Ne les esmasculez pas, pour ce qu'il est cruel leur retirer leurs amours, et enlèveriez d'ailleurs par là vigueur et finesse des sens; et qu'ils vous accompagnent comme faisaient les loups du dieu Odin; qu'ils mangent souvent de votre main, comme honneur.

Cuidez-vous pas que, ce faisant, rentrés au chenil ne disent aux autres (car chiens entre eux causent vraiment): « Est bon, est bien bon, bien honnête ce messire Clopinel, notre maistre, bien nous le faut servir, défendre, aimer! »

Tour à tour, des autres, seront l'un ou l'autre de garde et corvée, pour faire police, garder vostre domaine. A tous donnerez hausse-col de bonnes poinctes aiguës bien garni, afin que plus gaillardement ils combattent, s'il le fault. Car si vivez ès bois, point ne regarderez s'il est nuict ou s'il fait jour pour prendre vos esbats; et, pour forestiers, nuict est assurément aussi belle que le jour. Quoi de plus réjouissant que doux rayons de Phœbé coulant dans la ramure et argentant sous vos pieds le chemin!

Or, vous réserverez-vous la charge de les nourrir, chastier, dompter, apprendre et dresser à ce qu'il est besoing.

Estudiez bien, en chacun, le caractère, car caractère des animaux est aussi plein de nuances que leur physique, et par le caractère les debvrez traiter; et parlez-leur, car si pour nous, faulte d'avoir apprins leur langaige, ne leur pouvons aboyer ce que voulons, ils comprennent en tous cas parfaitement le langaige des signes et en ont assez pour vous exprimer et bon vouloir et amitié et recognoissance.

Ce faisant, si n'avez là garde preste à mourir pour vous, que le malheur du ciel me ramène en la cité.

# IV

## DES ÉCURIES

### DE L'ASNE

Et d'abord, messire Clopinel, vous fault un asne, car en maison rustique est bien le plus important animal, comme estant tousjours prêt à aider à toute besongne. Si utile il est, et la dépense qu'il occasionne est presque nulle. Oh! débonnaire et laborieux animal si bien souvent desdaigné et persécuté, ne puis faire que je dise combien je t'aime! On ne l'aime point cependant, est assez méprisé et pourtant, messire Clopinel, n'est point bastard; ainsi que les plus nobles a son sang pur et du meilleur.

Quant à ce qui est de ses vertus, un saint homme à raison les envierait. Il est laborieux, sobre, bon, est d'un grand bon sens, messire Clopinel, d'un grand bon sens quoique d'une grande tranquillité d'âme. Le voyez marcher de son air modeste et grave, les yeux baissés et d'un pas égal, qu'il est bien et jamais mal intentionné; aussi ne pourrais-je oncques ajouter foi à ce qu'on dit qu'ils se mettaient en bande pour venir ravager le jardin de S$^t$ Antoine.

Oh bonne beste! si bonne, si patiente, si utile! Oh bonne et belle beste, si injustement persécutée! Prenez-en soin, messire Clopinel, aimez-le, aimez-le bien.

Véritablement, asne est à recommander, n'y ayant beste au monde, nous servant, qui soit plus gaillarde, commode, nécessaire. Il est de peu de coust à acheter, et moindres frais à nourrir.

Vous fault un asne, messire Clopinel;... mais

lui baillerez-vous pas une asnesse? Oui, faites-le, pour lui si friand des régals d'amour.

## DU CHEVAL

Plus beau certes est le cheval; car de tous les quadrupèdes, est certes le plus beau, comme est escrit au Psautier de Job. Cheval à monter bien plutost que de trait il vous fault; vous conseillerai, comme souplesse, force, énergie, prendre cheval Sarrazin (ils disent aussi Arabe). Est très-beau par la ligne admirable du dos et des reins, l'obliquité de son espaule et la puissance de ses hanches; et si bon pour sa résistance aux fatigues, aux privations, aux intempéries des saisons; et nul ne l'égale comme souplesse, force, énergie.

Savez que Sarrazins, même les plus pauvres, possèdent un cheval avec lequel ils vivent dans une égalité parfaite. Une mesme tente leur sert d'habitation à lui, à sa femme, à ses enfants, à sa jument : cela ne le veulx vous le conseiller, mais aimez-le bien.

Savez qu'on doibt employer la plus grande douceur envers les chevaux; le Sarrazin ne le frappe jamais. On peut sans doute les contraindre à obéir par la force, mais ce n'est qu'aux dépens de leur courage et docilité.

Eh quoi, que fais-je ici ? ne me voici point donnant des conseils à messire Clopinel, si bon maistre en fait de chevalerie!

# V

## DU BESTIAL

Ici, pour bestial, dont je vais parler, et aussi pour celles autres bestes que tiendrez en basse-cour, est besoin que vous donne avis général sur chose abominable, en laquelle point ne vous fault succomber. Et combien ne le voit-on pas aujourd'hui! Verrez presque tous, en exploitation rurale, presque tous assotis de l'idée d'épaissir sottement leurs bestes.

Ils trouvent sans doute que nature a mal fait les choses; luttent ainsi, à qui mieux mieux, en lutte de haulte graisse; leur fault, sous nom de belles bestes, façons de boules luisantes.

Les formes ainsi sont noyées, animaux par là deviennent monstrueux et tournent à boules de suif répugnantes. Adjoutez que chair de bestes engraissées a perdu toute saveur, et bestes elles-mesmes toute beauté.

Aurez une ou deux vaches dont le proufit est grand par le laitage, produit tousjours renouvelé; quelques moutons aussi, timide et délicat bestial; et des chèvres que mettrez dans la carrière abandonnée; car chèvres sont portées par leur instinct à grimper et il vous sera d'un grand plaisir les voir bondir sur les sommets.

Ainsi, et sur plans que vous baillerai, baillerez à tous habitation qui convienne à chacun.

# VI

## BASSE-COUR

Quittant le chasteau par la cour du Nord, et virant de droite, trouverez un petit pont qui a l'air très-vieux; de là, à deux portées d'arquebuse, dans les fondrières et les ronces, est une carrière de blanches pierres, de longtemps abandonnée. Le cirque est grand. Là, si m'en croyez, installerez vos bestes de basse-cour, qui sont messieurs les cochons, les lapins et les volailles.

Dans toute exploitation rurale, le cochon est indispensable. Il vous fault faire creuser dans la pierre tendre, non loin si vous voulez du parc aux chèvres, deux toits à porcs. Creuserez aussi quelques petites logettes pour les lapins, et aménagerez gélinier joly pour tout le monde gloussant et piaillant. Allais oublier, car ici en dois-je traicter aussi, vos aquatiques oiseaux : leur bastirez, de ci, de là, ès la rivière, des cabanes sur pilotis et ès bosquets de roseaux.

Quant est du paon, le bel oiseau à teste serpentine, le laisserez vaguer emmi le parc, pour qu'il le décore de ses couleurs superbes.

# VII

## COLOMBIER ET VOLIÈRE

Voyez-vous la petiote chapelle, avec son grand air de vétusté, cachée sous le lierre et dans le chèvrefeuille? Oh! oui, qui l'a veue ne la peut oublier. Là, installerais le colombier, abandonnant le bas au bon vieux moine pour qu'il s'y héberge. Pour peupler vostre colombier de pigeons qui seront bien à vous, choisirez là, vers mai et aoust, quarante ou cinquante paires de pigeons de trois semaines, pas plus de masles que de femelles; les enfermerez pendant quinze jours à la maison; puis, par un temps un peu couvert, vers quatre ou cinq heures de la vesprée, ouvrez-leur leurs fenestres. Ils sont apprivoisés, et plus ne quitteront leur colombier, si nourriture ne leur défault, et de partout les verrez s'éparpiller comme graine jetée, sur les toits et au sommet de vos grands arbres. Pour ce qui est de la volière, voudrais attirer bien vostre attention, car c'est volière de nouveau genre que je aime à vous conseiller. Prenez, de ci, de là, à travers tout le parc, des taillis de petits arbustes, pas très-hauts, englobez-les tous, sur une largeur de trente ou quarante pieds, d'un treillis de fil de fer; eslevez aux quatre coins de petites maisonnettes pour abri et demeure d'hiver; ici, pour oiseaux domestiques: tourterelles, cailles, perdrix; là, pour oiseaux brillants; là, pour oiseaux chanteurs. Ainsi, emmi les arbres, et dans petits jardinets assez estendus, pour qu'ils ne se croient point esclaves, ils seront heureux et ceux qui chantent feront entendre leurs concerts de joie.

# VIII

## LE VIVIER

Le poisson, messire Clopinel, est nourriture saine et salutaire, tousjours, mais surtout aux mois où sont les viandes eschauffées.

Des poissons dont vous peuplerez vos eaux, deux sortes sont quant à la nature des eaux où ils doivent vivre : sont poissons d'eau dormante ou poissons d'eau qui fuit.

Ès fossés tranquilles qui entourent si belle-ment le donjon, ès vieux fossés qui naguère le défendaient, messire Clopinel (et y en ai vu déjà qui y sont demeurés) : carpes, tanches, gardons, barbeaux.

Ès ruisseaux, ès eaux courantes, mettez des truites.

Prenez soing de ne laisser trop envahir les fossés et l'étang par roseaux, joncs, nymphées et autres fleurs d'eau; mais toutefois ne les curez pas non plus de tout cela; car à nulle autre pareille n'est jolye cette végétation qui de l'eau sort superbe; et bien grand plaisir est à voir l'eau courir et contempler le poisson sautant et se jouant en icelle.

# IX

## LE PARC AUX ANIMAUX SAUVAGES

A une demi-lieue de la chapelle, vers le levant, et conduit par le ruisselet qui gazouille au milieu de cette sauvagerie, vous trouverez, messire Clopinel, la haute futaie. Là, je mettrais le parc aux animaux sauvages (car il ne fault délaisser rien, en votre maison rustique, de quoi vous pouvez tirer proufit et prendre plaisir). Tous en enclos, il se comprend.

Pour la garenne, la place serait bien marquée, me semble-t-il, sur le versant de la colline toute chenue qui dévale après la haute futaie.

# X

## LES BESTIOLES

Vous aimez grandement les bestioles, messire Clopinel, mettons-en donc dans nostre maison forestière.

Et d'abord des avettes, car elles sont d'un grand proufit pour la cire et le miel qu'on en retire, et ne coustent rien du tout à nourrir. Sur le penchant du petit costeau qui là s'eslève au midi, à l'abri du vent et tout proche d'un ruisseau, installerais un petit village de mousches à miel, cinq ou six rues de ruches en façon de maison de chaume; et tout autour, dans les parterres vous planterez colzas, sarrazin.

Et verrez avec grande joie les avettes aller, venir, advoler à travers leur petit jardinet, chantant leur joly *ʒon-ʒon*.

Mais détiendrez-vous pas aussi quelques autres bestioles dont l'étude vous doibt plaire, et que auriez sous la main pour les peindre, ainsi qu'il est en vostre goust très-distingué? Et pource les installerais, comme je vous ai dit pour la volière : je encadrerais d'un treillis bien serré un grand champ de fleurs où planterais les fleurs que papillons et autres insectes aiment. Puis, à costé, en une façon de petite serre, je entretiendrais ès boistes et sous verre des chenilles qui font des papillons, à qui sitôt esclos donneriez la liberté.

Là seraient aussi vos vers à soie, dont vous pourrez tirer proufit. Je ne vous dis point combien il serait joly de voir advoler par le grand champ, emmi les fleurs, toutes ces bestioles.

Aurait, cependant, le bon moine, à qui seraient confiés le colombier, la volière et les bestioles, aurait toujours en cage deux ou trois francs moineaux que vous lascheriez de temps en temps, pour tenir population ès bornes raisonnables.

* <br> * *

*Messire,*

E vous ai dit, puisque vous vouliez bien m'y prier, comment je aménagerais, pour en faire maison de plaisance, le tant vieux chasteau que venez d'achepter. Je vous l'ai dit un peu en courant, Messire, mais je reste vostre conseil.

Et maintenant, vous promets joie sans seconde et bonheur parfaict loin du tumulte des villes : verrez ce qui est de sensation profonde et de joie de vivre emmi les fleurs qui embaument, consolent ou séduisent, et au mitan de ce monde de bonnes bestes que verrez tu-

14.

multueusement multiplier la vie, peupler les airs, la terre et les eaux.

Oui, messire Clopinel, et pour faire fin, vous le dis, vous, ame noble et sereine, serez heureux ès nature, théâtre de beauté et asyle de bonheur.

# LIVRE V

# Visions dans la Forêt

## LE MONDE ENCHANTÉ

*A André Brun.*

# Visions dans la Forêt

———

ANS *la forêt, en des heures de rêve, sou-
vent nous avons vu surgir devant nous des
monstres et des dieux de lumière.*

*Nous avons vu, par les jours d'hiver, ramper sous
les branches basses les dragons, les larves et les
goules ; nous avons vu passer dans les brouillards
brumeux d'automne la chasse du grand veneur, et près
des mares rouillées les lavandières de nuit ; et par les*

bleus clairs de lune et les beaux jours ensoleillés ont apparu à nos yeux visionnaires les esquisses flottantes des déesses et des dieux.

N'êtes-vous vraiment que du rêve, traditions lointaines, créations des poètes, visions mystérieuses, ajoutées par l'âme émue à la création visible qu'éclaire notre soleil ?

I

E battais la forêt, sac au dos, depuis l'aube. Au détour d'un sentier, le feuillage se déchira tout d'un coup, et les étangs m'apparurent dans une éblouissante vision. La forêt les tenait là enserrés, immobiles. Tout autour, la végétation se pressait haletante, dans une plus folle poussée pour boire l'eau féconde; et, comme surexcitée, elle étendait ses branches vers cette grande trouée, où l'air passait libre, où tombait le soleil.

Il y eut au bruit de mes pas le sauve-qui-peut d'une alerte : les poissons gagnèrent le large; j'entendis couler entre les roseaux les poules d'eau craintives; et les grenouilles surprises plongèrent avec un bruit sourd; puis... plus rien... On n'entendit plus rien, que le crépitement des ailes de libellules qui rentraient en chassant; et, loin, dans les bois, la phrase brève d'un rouge-gorge qui, sans se lasser, répétait sa chanson.

Le jour tombait. Un brouillard d'une gaze impalpable flottait sur les eaux, teinté d'azur pâle, et traînant dans ses plis l'or fluide des rayons réfrangés.

. . . . . . . . . . . . . . . . . .

Oh! les eaux sont troublantes! De terribles inconnues semblent se dégager de ce milieu tout plein de mystères : c'est là que la vie a pris naissance, que les êtres ont vagi sur la terre pour la première fois. Une vie intense y grouille encore, d'animaux singuliers; et, je les revoyais, pour les avoir chassés autrefois, les vers de vase, les larves, les dytiques, les tritons, les bêtes glaireuses et sans forme, les salamandres au corps en deuil, et les poissons, créatures étranges, faites d'armures d'argent, ayant des yeux qui ne ferment pas et des bouches sans voix.

Le crépuscule commençait à descendre. Le vent du soir courait en murmurant, ridant les eaux, courbant les roseaux bruns, m'apportant avec de longs soupirs la tiède haleine des forêts. Les libellules dormaient et le rouge-gorge depuis longtemps avait tu sa chanson.

L'heure était d'un charme suprême.

Je ne sais pourquoi il me vint à l'esprit ces mystérieuses ballades, ces histoires de *voix* qui vous appellent au fond des eaux.

Je pensais aux Sirènes, à la reine Mab, à Loreley, au roi des Aulnes, aux eaux qui vous tentent et vous tuent...

*<br>* *

Tout à coup les grenouilles se mirent à coasser les notes monotones de leur sardonique nocturne : on eût dit un chapitre de moines nasillant dans la nuit quelque fantastique office des morts, et des feux follets dansaient dans les roseaux, semblant porter des torches.

Une chouette cria, au loin ; et alors il se fit un grand bruit, un grand bruit d'eau qu'on trouble ; les étangs bouillonnèrent et j'en vis sortir une dégoûtante mêlée de monstres.

C'étaient les espèces formidables endormies, depuis des milliers et des milliers de siècles, dans les entrailles de la terre. Je les vis s'élevant de la vase primitive, étranges, immenses, démesurés, et tous horriblement armés de leurs becs de bronze, de leurs griffes d'acier, de leurs dents menaçantes. Tous monstrueux ! Car c'étaient là les grossières ébauches par quoi la Nature préludait à ses créations.

Les uns prirent leur vol, lourds et balancés sur leurs ailes bizarres ; d'autres s'en allaient hurlant, la trompe au vent ; d'autres encore bondissaient ou rampaient, tordant dans des enlacements terribles leurs corps écailleux.

Et tout ce monde se dressa devant mes yeux et les volcans allumèrent leurs colères; et, dans je ne sais quelle buée infernale, sous les forêts gigantesques dont les arbres ont perdu leurs noms, j'entendis hurler les cris de guerre, de fureur ou d'effroi; et je vis les grands égorgements, dont nul ne sait l'histoire.

. . . . . . . . . . . . . . . . .

L'eau qui montait les engloutit.

*
*

Et la terre était habitée.

C'étaient maintenant des villes, aux clochetons sans nombre, enfermées dans leurs ceintures de pierre. Les cloches et les buccins sonnaient la peur aux foules accourues qui, du haut des remparts, montraient de leurs mains affolées, au loin, les fauves marais stagnants, où, dans la vase, les derniers survivants des époques disparues cachaient leurs têtes mises à prix.

Et, comme tous se lamentaient, un chevalier bardé de fer se faisait ouvrir les portes et marchait, béni par les prêtres, au dragon mangeur d'hommes.

Je revoyais les duels horribles, le combat corps à corps dans la fumée et dans le sang, et le monstre râlant, enfin, la mort sous le glaive triomphant.

Et le vainqueur acclamé rentrait au son des cloches dans la ville en liesse.

*
*  *

Et maintenant, c'étaient dans les cités, sous de hauts hangars au jour douteux, les mêmes monstres étalant, dans leur rigidité de pierre, leur squelette prodigieux; et dans les orbites vides, les yeux n'étaient plus qui virent fumer les volcans et monter les déluges aux premiers jours du monde.

Ossatures puissantes, anatomies inconnues, ruines mélancoliques des cycles effacés, elles étaient là, contemplant de leurs yeux sans regard nos petitesses éphémères.

Oh! il y a là quelque chose qui trouble l'âme, plus encore que la mort : une forme créée a disparu sans retour, le néant l'a reprise! Cependant, tout être appelé à la vie doit renaître dans sa postérité ou ressusciter à une vie suprême. Et ceux-là sont morts, morts sans retour; et, sans retour, leurs formes sont à jamais perdues.

Celui qui les tira du néant s'était-il donc trompé? Pourquoi les déluges les ont-ils noyés?

.   .   .   .   .   .   .   .   .   .   .   .   .   .   .   .

La nuit était venue. Un garde passa. Je repris le chemin.

De loin en loin, des chiens hurlaient au vagabond qui battait si tard la grand'route.

## II

Au fond des bois il est une heure d'une exquise tendresse où le jour prêt à fuir devant la nuit naissante rassemble, pour les emporter, ses rayons mourants, ses parfums, ses chansons; les couleurs s'éteignent peu à peu, les bruits s'apaisent, les arbres eux-mêmes s'arrêtent de chuchoter et le jour finit.

.   .   .   .   .   .   .   .   .   .   .   .   .   .   .

Une heure passa; le bois devint très sombre; il y eut comme un tressaillement, la brise s'éleva, les feuilles s'émurent, se reprirent à chanter dans le vent, et tous les arbres vibrèrent à la fois.

Les uns sifflaient, les autres murmuraient ou semblaient soupirer à voix basse; et les peupliers, de leurs feuilles qui tremblent, battaient l'air, marquant d'un roulement continu d'incessantes cadences.

Bientôt tous ces bruits sourds se mêlèrent; les basses de l'orchestre s'étant mises d'accord, attendirent un chant... Une voix lointaine parla la première... Plainte, bientôt suivie d'autres plaintes : c'étaient des chevreuils qui bramaient...; une chouette cria dans les branches; des grenouilles coassèrent à la mare voisine, un lièvre glapit, au loin; puis, une à une, d'autres voix s'élevèrent, et des bruits de pas étouffés résonnèrent par la forêt, et j'entendis aussi les bruits de vol des grands sphinx et des oiseaux nocturnes.

J'écoutais.

Tout à coup, je vis sous un rayon de lune des formes débusquer du plus proche hallier, avec une lueur au front, et y rentrer bien vite.

Puis la lisière se déchira, un paysage merveilleux m'apparut.

C'était un beau fleuve bleu, qui s'en allait, tordant son lit vers des horizons perdus.

Il baignait de hauts châteaux, couleur d'aurore, de belles îles vaporeuses et des forêts sans fin; du fond des lacs aux eaux transparentes, on entendait monter le bruit des cloches des villes disparues; et dans l'air, des fées passaient sur leur char, égayant le bleu du ciel du rose de leur belle nudité; et les lutins, aux cheveux bouclés, allaient, venaient comme des petits vieux vêtus de leurs manteaux bruns à capuchon; tandis qu'à la lisière, en face, sur le vert gazon piqué de marguerites blanches, des sylphes dansaient frêles, ayant des ailes de papillon, et au front des escarboucles...

. . . . . . . . . . . . . . . .

Et la forêt continuait son concert étrange, fait de soupirs, de cris, de chants, de bruits, de pas et de vols.

C'étaient, sur la basse chantante des arbres qui vibraient, les bruits lointains ou proches des rôdeurs de nuit en quête de leurs proies ou invitant leurs femelles.

Ces bruits s'appelaient, se répondaient dans la nuit sonore, et toutes ces voix mêlées racontaient merveilleusement toutes les sensations de la vie.

.    .    .    .    .    .    .    .    .    .    .    .    .    .

Et toujours la foule se pressait dans les beaux et mystiques jardins que j'ai vus, cette nuit, s'épanouir là-bas, vers les rives lointaines des Mondes enchantés.

# III

Étaient-ils bien éveillés les gens du vaisseau de Thamus, quand ils entendirent la voix, venant des îles, leur dire que le grand Pan était mort?... Étaient-ils éveillés, ou si moi j'ai rêvé ce jour-là?

. . . . . . . . . . . . . . . .

C'était un vieux château royal, si vieux qu'il tombait tout en ruines; les frimas, les grands vents et les pluies du ciel avaient écaillé de leurs ardoises les hauts toits pointus, faussé les girouettes, effrité les pignons, souillé de taches les vieux murs gris, et y avaient fait des trous; et bien que le lierre charitable se fût mis à masquer les lèpres, à repriser les accrocs et boucher les entailles, la glorieuse misère se trahissait à travers les déchirures du beau manteau de vert sombre.

Tout autour s'étendait le grand parc devenu sauvage.

Il était midi. Le jour était si beau, le ciel était si pur; l'on voyait distinctement sur toutes choses les chauds rayons tomber rebondissants, comme les accords plaqués d'une musique lumineuse; et les lignes arrêtant les contours vibraient dans la lumière comme des cordes émues.

Il faisait si beau! et la forêt dormait le Nirvana béni. Seuls deux papillons bleus, trouvant pour s'aimer l'heure propice, se poursuivaient dans les bruyères en fleurs, sous l'ombre fauve des coudriers; d'une branche basse une fauvette les regardait, les paupières mi-closes, et bien qu'ils parussent fort friands elle les laissait passer sans envie, de peur de troubler son rêve.

.    .    .    .    .    .    .    .    .    .    .    .    .    .    .    .

Or, voilà que tout parfumé de senteurs anciennes un souffle d'air très doux est venu, la lourde porte du château a bâillé sans gémir, et des couples adorables, vêtus de satin, de damas et de soie, sous de grands chapeaux fleuris ou des feutres empanachés, sont descendus en folie par le blanc escalier de marbre ancien.

Ils ont passé sur des pas lents de menuet, et s'en s'ont allés, là-bas au fond du parc, vers la galère d'or qui venait d'aborder.

Et par le petit chemin bordé de vignes folles, j'ai vu venir Silène doucement bercé sur son âne pansu, menant, éclatant dans le soleil, tout son cortège barbouillé de lie et du jus des mûres. Ils y étaient tous : Pan, OEgipans, Faunes, Sylvains, Satyres et Bacchantes. Tout le troupeau débridé galopait, caracolait, piaffait, chantant au son des crotales, cependant que les Nymphes effrayées s'étaient enfuies, tremblantes, au fond des grottes.

.   .   .   .   .   .   .   .   .   .   .   .   .   .   .   .

Ils disparurent; et je vis, alors, deux ramiers descendre doucement du ciel et s'aimer sur la margelle du vieux puits.

# Table

# TABLE

*Achevé d'imprimer*

le douze juin mil huit cent quatre-vingt-dix-sept

PAR

ALPHONSE LEMERRE

6, RUE DES BERGERS, 6

*A PARIS*

5. — 2885.

# BIBLIOTHEQUE CONTEMPORAINE

Volumes in-18 jésus. Chaque volume : 3 fr. 50

## DERNIÈRES PUBLICATIONS

| | | |
|---|---|---|
| Barbey d'Aurevilly . | *Journalistes et Polémistes* | 1 vol. |
| Léon Barracand . . . | *Un barbare* | 1 vol. |
| Ernest Benjamin . . . | *Cœur malade* | 1 vol. |
| P. de Bouchaud . . . | *Vie manquée* | 1 vol. |
| Bouniceau-Gesmon . | *Domestiques et Maîtres* | 1 vol. |
| Paul Bourget . . . . | *Recommencements* | 1 vol. |
| Marie Anne de Bovet . | *Partie du pied gauche* | 1 vol. |
| — — | *Parole jurée* | 1 vol. |
| Jules Breton . . . . | *Un Peintre paysan* | 1 vol. |
| J. de la Bretonnière . | *Adolescence* | 1 vol. |
| Philippe Chaperon . . | *Fille de Légende* | 1 vol. |
| Armand Charpentier . | *Le Renouveau d'Amour* | 1 vol. |
| Adolphe Chenevière . | *L'Indulgente* | 1 vol. |
| François Coppée . . . | *Le Coupable* | 1 vol. |
| Frédéric Cousot . . . | *Le Bréviaire des Bois et des Champs* | 1 vol. |
| Gaston Danville . . . | *Vers la Mort* | 1 vol. |
| Alphonse Daudet . . . | *La Petite Paroisse* | 1 vol. |
| Jane Dieulafoy . . . . | *Déchéance* | 1 vol. |
| Émile Dodillon . . . . | *La Grande* | 1 vol. |
| C<sup>te</sup> Albert du Bois . . | *Leuconoé* | 1 vol. |
| C.-B. Dumaine . . . . | *Cervantes* | 1 vol. |
| Paul Flat . . . . . . | *Figures de Rêve* | 1 vol. |
| Alphonse Georget . . | *Rêve brisé* | 1 vol. |
| Ed. & J. de Goncourt. | *Sœur Philomène.* (Éd. Guillaume). | 1 vol. |
| Paul Hervieu . . . . | *La Bêtise Parisienne* | 1 vol. |
| Gaston Homsy . . . . | *Les Baisers restent* | 1 vol. |
| Octave Houdaille . . | *Une Femme libre* | 1 vol. |
| Pierre Huguenin . . . | *A l'Américaine* | 1 vol. |
| Jean Lahor . . . . . | *La Gloire du Néant* | 1 vol. |
| A. de Lamartine . . . | *Philosophie et Littérature* | 1 vol. |
| Henry Lapauze . . . | *De Paris au Volga* | 1 vol. |
| Daniel Lesueur . . . | *Invincible Charme* | 1 vol. |
| René Maizeroy . . . . | *En Volupté* | 1 vol. |
| M<sup>me</sup> Stanislas Meunier | *Pour le Bonheur* | 1 vol. |
| Gabriel Mourey . . . | *L'Œuvre nuptial* | 1 vol. |
| G. de Peyrebrune . . . | *Les Fiancées* | 1 vol. |
| Frédéric Plessis . . . | *Angèle de Blindes* | 1 vol. |
| Alfred Poizat . . . . | *Avila des Saints* | 1 vol. |
| Marcel Prévost . . . | *Le Jardin secret* | 1 vol. |
| — — | *Dernières Lettres de Femmes* | 1 vol. |
| Sully Prudhomme . . | *Que sais-je?* | 1 vol. |
| Remy St-Maurice . . . | *Tartufette* | 1 vol. |
| Robert Scheffer . . | *Le Prince Narcisse* | 1 vol. |
| Mary Summer . . . . | *Le Roman d'un Académicien* | 1 vol. |
| André Theuriet . . . | *Boisfleury* | 1 vol. |
| Camille Vergniol . . | *L'Enlisement* | 1 vol. |
| Vigné d'Octon . . . . | *Cœur de Savant* | 1 vol. |

Paris. — Imp. A. Lemerre, 6, rue des Bergers. — 4.-2885.